网络空间安全战略思考

左晓栋 著

電子工業出版社
Publishing House of Electronics Industry
北京 • BEIJING

内 容 简 介

本书汇集了作者作为核心专家参与我国有关网络安全工作的过程中，对网络安全重要政策、重大活动、国际形势发表的一系列解读和分析文章，反映了党的十八大以来特别是中央网络安全和信息化领导小组成立以来我国网络安全战略和政策的主要进展。为了准确反映这些战略和政策的情况，每篇文章都给出了背景信息和资料。

根据各篇文章的主题不同，全书分为四个部分：政策规划篇、国际博弈篇、技术发展篇和制度工作篇。政策规划篇收录的文章主要就我国网络安全顶层设计进行了分析；国际博弈篇收录的文章主要就网络安全国际合作与斗争发表了看法；技术发展篇收录的文章主要就核心技术突破、国内外网络安全技术标准进展提出了作者的观点；制度工作篇收录的文章主要就我国网络安全专项工作和重要制度作了解读。

本书可供各级领导干部了解我国网络安全战略部署和总体情况之用，也可供各类网络安全管理和技术人员在实际工作中参考。

图书在版编目（CIP）数据

网络空间安全战略思考 / 左晓栋著. —北京：电子工业出版社，2017.9

ISBN 978-7-121-32525-0

Ⅰ. ①网… Ⅱ. ①左… Ⅲ. ①互联网络－安全技术－研究－中国 Ⅳ. ①TP393.408

中国版本图书馆 CIP 数据核字（2017）第 199971 号

策划编辑：齐　岳
责任编辑：赵　娜
印　　刷：北京七彩京通数码快印有限公司
装　　订：北京七彩京通数码快印有限公司
出版发行：电子工业出版社
　　　　　北京市海淀区万寿路 173 信箱　邮编　100036
开　　本：720×1000　1/16　印张：16.25　字数：250 千字
版　　次：2017 年 9 月第 1 版
印　　次：2023 年 9 月第 4 次印刷
定　　价：79.00 元

凡所购买电子工业出版社图书有缺损问题，请向购买书店调换。若书店售缺，请与本社发行部联系，联系及邮购电话：（010）88254888，88258888。

质量投诉请发邮件至 zlts@phei.com.cn，盗版侵权举报请发邮件至 dbqq@phei.com.cn。

本书咨询联系方式：（010）88254473、qiyue@phei.com.cn。

Preface

前言

中央网络安全和信息化领导小组成立后，我国网络安全工作进入新的历史阶段。在习近平总书记“网络强国”战略思想的指引下，一系列重大政策法规和战略规划相继出台，一系列网络安全重大制度加快实施。与此同时，国际形势风云变幻，网络空间的国家博弈日益激烈，网络冲突时有出现，热点问题频发。作为诸多大事的亲历者，受组织的信任，作者多次对外发声，提出专家视点，针对重要政策做出个人解读。这些大事，贯穿了国家网络安全战略不断完善的过程，也是作者作为大时代网络空间风云的普通记录者和一线工作者，对网络安全战略持续思考的过程。

德国著名科学家普朗克曾说过：“科学是内在的整体，被分解为单独的部门，不是取决于事物的本质，而是取决于人类认识能力的局限性。实际上存在着由物理学到化学、通过生物学和人类学到社会科学的链条。这是一个任何一处都不能被打断的链条。”网络安全跨越了自然科学与社会科学，最典型地体现了这个特点。其方法学既闪耀着哲学思辨的光辉，也体现了技术实力的对抗。本书收录的一些战略思考，有的针对政策和管理，有的也涉及技术。虽然尚做不到对自然科学与社会科学的融会贯通，但作者心向往之。

本书中很多文章最初发表于网络媒体，不得不做到短小精悍，有的还进行了较大篇幅的删减。这对宣传目的而言，当然是够了，但却不足以对很多具体问题展开讨论。为此，在这次出版时作者尽可能对已删除的部分进行了补充完善。“板凳要坐十年冷，文章不写半句空”。网络安全关乎国家安危，空喊口号于事无补。希望这些文章能够对记载历史、推动工作产生些许作用。

为了更清晰地反映很多文章写作时的事件背景，文末均附上了相关的背景资料。但为了节省篇幅，对于政策文件，尽可能仅给出二维码链接。

由于作者能力和认识所限，书中的一些观点也许偏颇，期待得到专家指点。

感谢中央网信办各业务局领导、同事对作者的支持、关心和帮助。在本书的写作过程中，得到了张弛、杨晨、崔占华、周亚超、刘雨桁等同志的协助。本书的出版，电子工业出版社齐岳编辑花费了大量心血。在此一并表示感谢！

最后，感谢国家马克思主义理论研究和建设工程重大项目“中国特色社会主义治网之道的实践及经验总结研究”、中央网信办“国家网络空间安全战略宣贯解读”等项目的支持。

左晓栋

2017 年 5 月

Contents

目录

政策规划篇

国际博弈篇

技术发展篇

制度工作篇

政策规划篇

- ↘ 统一思想，提高认识，加快推进网络强国建设
- ↘ 一体两翼，双轮驱动，以信息化战略推动网络安全工作深入发展
- ↘ 上兵伐谋，进一步完善我国网络安全顶层设计
- ↘ 网络空间治理的中国主张与国际博弈
- ↘ 谱写信息时代国际关系新篇章
- ↘ 蓄力一纪，可以远矣——《网络安全法》草案评述
- ↘ 踏石留印，抓铁有痕，将“十三五”网络安全工作做实做细

2016 年 10 月 9 日，中共中央政治局就实施网络强国战略进行第三十六次集体学习，习近平总书记在主持学习时发表了重要讲话。这是继 4 月 19 日中央召开网络安全和信息化工作座谈会以来，总书记再一次围绕网信工作发表重要讲话。本文发表于 2016 年 10 月，对这次政治局集体学习的意义和相关工作部署进行了分析[1]。

——中央政治局集体学习“网络强国”战略

[1] 原文发表于中国社会科学网，2016 年 10 月 7 日。

统一思想，提高认识，加快推进网络强国建设

——中共中央政治局集体学习网络强国战略发出重要信号

2016 年 10 月 9 日，中共中央政治局就实施网络强国战略进行第三十六次集体学习，习近平总书记在主持学习时发表了重要讲话。这是继 2016 年 4 月 19 日中央召开网络安全和信息化工作座谈会以来，总书记再一次围绕网信工作发表重要讲话。在此之前，他还于 2015 年 12 月亲赴乌镇出席第二届世界互联网大会，提出了关于网络空间治理的“四项原则”和“五点主张”[2]。

一个大国的领导人，不但亲自担任某一方面工作的最高负责人，还在不长的时间内连续召开重要会议，足见其对这项工作的高度重视。通过这些会议上的多次讲话，总书记系统提出了关于网络强国战略的一系列新思想、新理论、新论断，描述了建设网络强国的宏伟蓝图，不断丰富和完善了治国理政思想的“网络篇”。

此次政治局集体学习，又再次聚焦“网络强国”，这透露出哪些信号？

---

[2] 习近平在第二届世界互联网大会开幕式上的讲话，2015 年 12 月 16 日。“推进全球互联网治理体系变革，应该坚持以下原则：尊重网络主权……维护和平安全……促进开放合作……构建良好秩序……”

“各国应该加强沟通、扩大共识、深化合作，共同构建网络空间命运共同体。对此，我愿提出 5 点主张：第一，加快全球网络基础设施建设，促进互联互通……第二，打造网上文化交流共享平台，促进交流互鉴……第三，推动网络经济创新发展，促进共同繁荣……第四，保障网络安全，促进有序发展……第五，构建互联网治理体系，促进公平正义。”

一、统一思想、提高认识，将网络强国战略思想融入国家各领域工作之中

当今世界，信息技术革命日新月异，对国际政治、经济、文化、社会、军事等领域发展产生了深刻影响。特别是，泛在接入、广泛互联、跨界融合、高度智能的趋势，正在塑造一个“一切皆由网络控制”的未来世界，网络空间的快速兴起和发展，催生着“谁控制网络空间谁就能控制一切”的法则。政治领域的“颜色革命”暗流涌动，经济领域的网络攻击日益猖獗，社会领域的网络犯罪频繁发生，军事领域的作战方式加速转型，都是网络空间对传统领域安全问题的催化与变异。正如总书记指出的，网络安全和信息化对一个国家很多领域都是牵一发而动全身的，没有网络安全就没有国家安全，没有信息化就没有现代化[3]。

因此，建设网络强国是一项举国任务，不但要形成举国共识，更要凝聚举国力量。众志乃成城，斯任须并肩。要统一全民思想，提高对网络强国战略全局性和重要性的认识，这是我们事业成败的关键。而统一全民思想，就要统一全党思想；统一全党思想，就要统一党的高级干部的思想；统一党的高级干部的思想，就要举行政治局集体学习、统一政治局的思想。

互联网的渗透性决定了我们每一项工作都离不开网络，网络强国是关于国家发展和安全的总体战略。深刻领会网络强国战略思想绝不仅仅是网信领域分管领导及从业者的事情，而是政治局内负责党和国家各方面工作的领导同志共同的事情。中央网络安全和信息化领导小组全体会议，参加者是领导小组成员；世界互联网大会，总书记面向全世界发出共同构建网络空间命运共同体的呼吁；

[3] 习近平主持召开中央网络安全和信息化领导小组第一次会议强调：总体布局统筹各方创新发展 努力把我国建设成为网络强国，新华社，2014 年 2 月 27 日。

网络安全和信息化工作座谈会，总书记与网信领域的专家学者共商网信大势与大事。唯有这次政治局集体学习，参加者十分特殊，意义特别重大，是向全党发出的号召。

二、时不我待、只争朝夕，将口号化为具体行动

建设网络强国，重在行动。应该说，近年来我们的网信事业发展迅速，网民数量、网络零售交易额、电子信息产品制造规模已居全球第一，一批信息技术企业和互联网企业迈进世界前列，形成了较为完善的信息产业体系，信息技术应用不断深化，“互联网+”异军突起，经济社会数字化、网络化转型步伐加快，网络空间正能量进一步汇聚增强，信息化在现代化建设全局中的引领作用日益凸显。但存在的问题也同样明显，核心技术和设备受制于人，信息资源开发利用不够，信息基础设施普及程度不高，区域和城乡差距比较明显，网络安全面临严峻挑战，网络空间法治建设亟待加强，信息化在促进经济社会发展、服务国家整体战略布局中的潜能还没有充分释放。对这些问题，必须真抓实干，一步一个脚印，逐步加以解决。

不进则退，慢进也退，我们面临的形势十分严峻。但我们很多同志还停留在喊口号的阶段，没有真正行动起来。更有甚者，无意或有意地曲解总书记的网信重要讲话精神，他们脱离了实践，拿不出东西，却热衷于争论，无谓地增加了思想的混乱，这尤其体现在安全和发展、开放和自主的关系把握上。理论是灰色的，行胜于言。总书记在此次政治局集体学习时强调了“六个加快”，就是要求放下争论，少喊口号，少些形式主义，化清谈为行动。

要行动起来，不仅是要加快落实已经部署的网信领域各项工作，还要抓紧培养形成互联网思维，真正以互联网思维改造业已形成的管理思路、工作习惯。网信技术代表新的生产力、新的发展方向，其推动人类认识世界、改造世界的

能力空前提升，带来生产力质的飞跃，引发生产关系重大变革。但我们很多部门的同志颠倒了生产力和生产关系的辩证关系，总是以一些新的互联网应用对已有管理模式带来挑战为由，试图将很多应用扼杀在萌芽之中。这就是强迫生产力适应生产关系，结果必是南辕北辙。

三、与时俱进、开拓创新，提高党驾驭互联网的能力

互联网初进入中国之时，西方一些政客兴奋地认为，互联网将使共产主义在中国终结。美国前国务卿奥尔布赖特有一句话："有了互联网，对付中国就有了办法。"西方国家不相信我们能管好互联网，认为这无异于将果冻钉在墙上。但他们的如意算盘落空了。我们党坚持"积极利用、科学发展、依法管理、确保安全"的方针，探索形成了有中国特色的治网之道，使互联网在中国展现出强大生命力和发展潜力，为信息时代的马克思主义中国化增添了新的内涵。这就是驾驭互联网的能力，正所谓"至人骑猛虎，驭之犹骐骥，岂伊本驯良，道力消其鸷"。

党驾驭互联网的能力体现为千千万万共产党员学网、懂网、用网的行动与水平。不懂互联网、不善于运用互联网，就无法有效开展工作，也就不是合格的领导干部，势必会被历史所淘汰。互联网是新生事物，专业性强，发展日新月异，这对很多领导干部特别是年龄大的领导干部带来了挑战。但不换脑子，就要换人，网络强国伟大事业要求所有的领导干部自觉更新知识体系，这也是一种"看齐"意识。

显然，互联网知识和技能将成为各级领导干部知识体系的"标配"。各级党校、行政学院要将互联网作为必学内容，对互联网了解和运用程度将成为今后考核干部的重要依据。这是本次中共中央政治局集体学习发出的又一信号。

❀扩展阅读：

中共中央政治局就实施网络强国战略进行第三十六次集体学习

新华社北京10月9日电 中共中央政治局10月9日下午就实施网络强国战略进行第三十六次集体学习。中共中央总书记习近平在主持学习时强调，加快推进网络信息技术自主创新，加快数字经济对经济发展的推动，加快提高网络管理水平，加快增强网络空间安全防御能力，加快用网络信息技术推进社会治理，加快提升我国对网络空间的国际话语权和规则制定权，朝着建设网络强国目标不懈努力。

清华大学微电子与纳电子学系主任、微电子学研究所所长魏少军教授就这个问题进行讲解，并谈了意见和建议。中共中央政治局各位同志认真听取了讲解，并就有关问题进行了讨论。

习近平在主持学习时发表了讲话。他指出，当今世界，网络信息技术日新月异，全面融入社会生产生活，深刻改变着全球经济格局、利益格局、安全格局。世界主要国家都把互联网作为经济发展、技术创新的重点，把互联网作为谋求竞争新优势的战略方向。虽然我国网络信息技术和网络安全保障取得了不小成绩，但同世界先进水平相比还有很大差距。我们要统一思想、提高认识，加强战略规划和统筹，加快推进各项工作。

习近平强调，网络信息技术是全球研发投入最集中、创新最活跃、应用最广泛、辐射带动作用最大的技术创新领域，是全球技术创新的竞争高地。我们要顺应这一趋势，大力发展核心技术，加强关键信息基础设施安全保障，完善网络治理体系。要紧紧牵住核心技术自主创新这个“牛鼻子”，抓紧突破网络发展的前沿技术和具有国际竞争力的关键核心技术，加快推进国产自主可控替代计划，构建安全可控的信息技术体系。要改革科技研发投入产出机制和科研成果转化机制，实施网络信息领域核心技术设备攻坚战略，推动高性能计算、移动通信、量子通信、核心芯片、操作系统等研发和应用取得重大突破。

习近平强调，世界经济加速向以网络信息技术产业为重要内容的经济活动转变。我们要把握这一历史契机，以信息化培育新动能，用新动能推动新发展。要加大投入，加强信息基础设施建设，推动互联网和实体经济深度融合，加快传统产业数字化、智能化，做大做强数字经济，拓展经济发展新空间。

习近平指出，互联网新技术新应用不断发展，使互联网的社会动员功能日益增强。要传播正能量，提升传播力和引导力。要严密防范网络犯罪特别是新型网络犯罪，维护人民群众利益和社会和谐稳定。要发挥网络传播互动、体验、分享的优势，听民意、惠民生、解民忧，凝聚社会共识。网上网下要同心聚力、齐抓共管，形成共同防范社会风险、共同构筑同心圆的良好局面。要维护网络空间安全以及网络数据的完整性、安全性、可靠性，提高维护网络空间安全能力。

习近平指出，随着互联网特别是移动互联网发展，社会治理模式正在从单向管理转向双向互动，从线下转向线上线下融合，从单纯的政府监管向更加注重社会协同治理转变。我们要深刻认识互联网在国家管理和社会治理中的作用，以推行电子政务、建设新型智慧城市等为抓手，以数据集中和共享为途径，建设全国一体化的国家大数据中心，推进技术融合、业务融合、数据融合，实现跨层级、跨地域、跨系统、跨部门、跨业务的协同管理和服务。要强化互联网思维，利用互联网扁平化、交互式、快捷性优势，推进政府决策科学化、社会治理精准化、公共服务高效化，用信息化手段更好感知社会态势、畅通沟通渠道、辅助决策施政。

习近平强调，要理直气壮地维护我国网络空间主权，明确宣示我们的主张。现在，各级领导干部特别是高级干部，如果不懂互联网、不善于运用互联网，就无法有效开展工作。各级领导干部要学网、懂网、用网，积极谋划、推动、引导互联网发展。要正确处理安全和发展、开放和自主、管理和服务的关系，不断提高对互联网规律的把握能力，对网络舆论的引导能力，对信息化发展的驾驭能力，对网络安全的保障能力，把网络强国建设不断推向前进。

2016 年 7 月，中办、国办印发了《国家信息化发展战略纲要》，对未来 10 年国家信息化发展做了战略部署。本文发表于 2016 年 7 月，针对文件中的网络安全工作，分析了我国网络安全的顶层设计[4]。

——《国家信息化发展战略纲要》发布

[4] 原文发表于新华网，2016 年 7 月 28 日，原标题《在新的起点上深入推动网络安全工作》，题目和内容有修改。

一体两翼，双轮驱动，以信息化战略推动网络安全工作深入发展

2016 年 7 月，中办、国办印发了《国家信息化发展战略纲要》（以下简称《战略纲要》），这是规范和指导未来 10 年国家信息化发展的纲领性文件，是国家战略体系的重要组成部分，是信息化领域规划、政策制定的重要依据。其中，《战略纲要》在总结已有成绩基础之上，面向新时期维护国家安全的重大需求，对网络安全工作做出了新的顶层设计，为进一步制定国家网络空间安全战略奠定了基础。

一、历史上我国对网络安全做出的四次顶层设计

所谓顶层设计，既要有系统性，能够从全局出发，涵盖主要工作，并确保各项工作的协调一致；也要有前瞻性，能够应对形势的不断发展，在相对较长一段时间内有效；此外，还要有指导性，能够指方向、立目标、定原则、明思路。在《战略纲要》印发前，我国曾对网络安全做出过四次顶层设计。其中包括三份文件，以及中央网络安全和信息化领导小组成立后提出的“网络强国”战略。

（一）2003 年 9 月，中办、国办印发了《国家信息化领导小组关于加强信息安全保障工作的意见》（中办发〔2003〕27 号）

这是我国首次对网络安全工作做出顶层设计，明确了加强网络安全工作的总体要求和主要原则，提出了实行信息安全等级保护，加强以密码技术为基础的信息保护和网络信任体系建设等任务。27 号文的历史地位十分重要，具有划时代的意义。文件不但对安全与发展的关系、信息安全责任制等重大理论问题首次做出解答，统一了思想，还勾勒出我国信息安全工作的发展脉络。可以说，10 年来我国信息安全的主要工作基本上都是按照 27 号文的部署在推进。

（二）2005 年 5 月，国家信息化领导小组印发了《国家信息安全战略报告》（国信〔2005〕2 号）

这是我国首部真正意义上的网络安全战略。27 号文侧重于工作部署，但战略性不突出，对信息内容安全的关注也不够，《国家信息安全战略报告》则弥补了这一缺憾，在更高层面确定了国家信息安全的战略布局和长远规划。但这份文件的知悉范围有限，加之受后来的机构变化等因素影响，文件对实际工作的指导作用并没有 27 号文显著。在此之后，中办、国办印发了《2006—2020 年国家信息化发展战略》（中办发〔2006〕11 号），其中涉及网络安全，但仍没有超出 27 号文的范畴。

（三）2012 年 6 月，国务院印发了《关于大力推进信息化发展和切实保障信息安全的若干意见》（国发〔2012〕23 号）

文件继承了 27 号文件，对 2012 年之后一段时期的重要工作提出了要求。但这些要求仅为了突出重点、解决急迫问题，不求面面俱到。一个显著特点是，23 号文有意避开了信息内容安全，因为国家互联网信息办公室成立后这方面的工作已另有部署。此外，23 号文仍停留在“就事论事”的阶段，不是战略意义上的文件，没有改变我国网络安全战略缺失、网络安全工作的战略统筹不够的局面。

（四）中央网络安全和信息化领导小组在 2014 年 2 月召开第一次会议，描绘了“网络强国”的宏伟蓝图

此后，习近平总书记于 2016 年 4 月亲自主持召开网络安全和信息化工作座谈会，进一步明确了我国网络安全工作的一系列重大问题，使我国朝向网络强国的战略目标加速前进。这个目标分为近、中、远期。近期指标是，技术强，即要有自己的技术，有过硬的技术；内容强，即要有丰富全面的信息服务，繁荣发展的网络文化；基础强，即要有良好的信息基础设施，形成实力雄厚的信息经济；人才强，即要有高素质的网络安全和信息化人才队伍；国际话语权强，即要积极开展双边、多边的互联网国际交流合作。中期目标是，网络基础设施基本普及，自主创新能力增强，信息经济全面发展，网络安全保障有力。远期目标是，战略清晰，技术先进，产业领先，制网权尽在掌握，网络安全坚不可摧。

二、《国家信息化发展战略纲要》在网络安全战略思想上取得新突破

《战略纲要》并不是一份独立的网络安全战略，但仍可看作对我国网络安全工作做出的第五次顶层设计。其在战略理论上实现了多项突破。

（一）指导方针上，进一步深化了安全与发展的辩证关系

《国家信息化领导小组关于加强信息安全保障工作的意见》（中办发〔2003〕27 号）曾深刻指出，要正确处理安全与发展之间的关系，以安全保发展，在发展中求安全。这在 2006 年的信息化战略中也是一条重要的指导方针。

此次《战略纲要》更深刻地诠释了安全与发展“一体两翼、双轮驱动”的辩证关系，将“以安全保发展，在发展中求安全”升级为“以安全保发展，以发展促安全”。“以安全保发展”表明安全是发展的基础，“在发展中求安全”强

调了要在发展中解决安全问题，而不是用停滞发展来确保安全。但“以发展促安全”则进一步要求，要用发展的手段解决安全问题，通过发展为维护网络安全提供物质基础。这与习近平总书记总体国家安全观中“富国才能强兵、强兵才能卫国”的思想一脉相承，内涵十分丰富，将安全与发展辩证关系升华到了新的高度。

（二）战略目标上，立志解决最大的安全隐患

2006年的信息化发展战略提出的总体目标为“国家信息安全保障水平大幅提高”，这不是一个可衡量的、带有阶段性特征的目标，对实际工作的指导意义不强。这与当时我国网络安全基础薄弱、头绪过多有关。在具体目标上，2006年的信息化发展战略提出，在2020年前突破和掌握一批关键、核心技术，实现信息技术从跟踪、引进到自主创新的跨越，并笼统要求“国家信息安全保障体系较为完善，信息安全保障能力显著增强”。

此次《战略纲要》则明确要求，在2025年“根本改变核心技术受制于人的局面，形成安全可控的信息技术产业体系”。核心技术是网络安全的“命门”，核心技术受制于人是我们最大的隐患。只要这个问题不解决，我们的网络安全体系就根基不稳、危在旦夕。倘若10年以后的“十四五”末期，我们还不能扭转受制于人局面，“网络强国”和“中华民族伟大复兴中国梦”便无从谈起。对这样一个十分具体而关键的目标，我们没有任何退路，必须要承担历史责任。当然，这是对恒心、信心和重心的巨大考验。

（三）更全面地揭示和遵循网络安全的内在规律

2006年的信息化战略对网络安全内在规律有一个基本把握：网络安全是基于风险的，要综合平衡安全成本和风险，既要防止过保护，也要防止欠保护。这一基本规律直接决定了使用什么方法维护网络安全，这之后的信息安全等级

保护、风险评估等工作部署，均源于此。

但这只是网络安全内在规律的一部分。随着对客观世界认识的不断深化，《战略纲要》指出，要“树立正确的网络安全观”。这包含五个方面：网络安全是整体的而不是割裂的；网络安全是动态的而不是静态的；网络安全是开放的而不是封闭的；网络安全是相对的而不是绝对的；网络安全是共同的而不是孤立的。习近平总书记在2016年4月19日的网络安全和信息化工作座谈会上，对“正确的网络安全观”作了深刻阐述[5]。内在规律是不可违背的，任何一项工作都要对此一以贯之，否则就会事倍功半，甚至南辕北辙。

（四）由“防范”改为“应对”，防御和威慑能力并举

2006 年的信息化战略要求坚持“积极防御，综合防范”，两者实际上是一回事，都是重在“防”，只是前者强调行动的事前性，后者强调手段的全面性。但再“积极”“综合”的“防御”与“防范”，终究是防守。面对严峻的网络安全斗争形势，我们急需形成网络威慑能力。当然，这不是要发展网络攻击，而是要通过威慑能力建设，使对手在采取行动前“三思而后行”，从而以慑止战，达到更有效保护自身的目的，实现网络空间真正的稳定与平衡。

为此，《战略纲要》改为，要坚持“积极防御，主动应对”，并“增强网络安全防御能力和威慑能力”，这对维护国家网络空间主权、安全、发展利益具有重大意义。

---

[5] 习近平在网络安全和信息化工作座谈会上的讲话，新华社，北京，2016 年 4 月 25 日电。“树立正确的网络安全观……一是网络安全是整体的而不是割裂的……二是网络安全是动态的而不是静态的……三是网络安全是开放的而不是封闭的……四是网络安全是相对的而不是绝对的……五是网络安全是共同的而不是孤立的……”

三、《国家信息化发展战略纲要》在网络安全战略任务上实现继承与发展

作为信息化领域的战略文件，《战略纲要》无法对网络安全工作做出全面部署。恰恰因此为此，其提出的网络安全战略任务构成了我国网络安全工作最重要的“四梁八柱”，具有极端的重要性、紧迫性。

（一）保护重点由“2+8”扩展至关键信息基础设施

任何一个国家的信息化或网络安全战略，都要确定保护重点，这是战略文件的“规定动作”。2006 年的信息化战略确立的重点是“基础信息网络和关系国家安全、经济命脉、社会稳定的重要信息系统”。在实际工作中，具体落实为广播电视传输网、电信网、互联网，以及银行、保险、证券、民航、铁路、税务、海关、电力等领域的信息系统，俗称“2+8”（三大基础网络由两个部委主管）。

随着信息通信技术在国民经济各行业加速渗透，上述保护范围显然已经过窄。此外，鉴于这类系统的重要性，有必要建立专门安全管理制度。为此，近年我国提出了“关键信息基础设施”的概念，取代了“基础信息网络和重要信息系统”。《战略纲要》要求“建立实施关键信息基础设施保护制度”。《网络安全法》也对此做出了明确规定，并要求国务院制定有关办法。

（二）首次提出维护“网络主权”的重大任务

网络主权原则是我国关于全球网络空间安全的核心主张。习近平总书记在第二届世界互联网大会上提出，要尊重网络主权，不搞网络霸权，不干涉他国

内政，不从事、纵容或支持危害他国国家安全的网络活动[6]。我国《国家安全法》规定，维护国家网络空间主权、安全和发展利益。《战略纲要》将“维护网络主权”作为一项重大任务，要求“坚定捍卫我国网络主权”。主权不容侵犯，主权问题不容商量，为了维护网络主权，我们应当采取包括政治、外交、经济、司法等在内的一切手段，不排除军事手段。

“网络主权”是《战略纲要》相比2006年信息化战略的重大变化，这是提升我国在全球网络空间治理活动中的制度性话语权的必然要求。

（三）更深刻地认识开放与自主的关系，拥有在开放环境中维护国家网络安全的能力

在制定2006年的信息化战略时，开放与自主尚未成为一对主要矛盾，对这个问题的认识尚停留在浅层次。当前，经济全球化深入发展，信息流引领技术流、资金流、人才流。如何辩证认识和处理好开放与自主的关系，这是一项新的课题。一方面，确定核心技术的突破路线时，要考虑如何利用全球创新资源，选对“肩膀”；另一方面，我们的网络安全政策要兼顾入世承诺。习近平总书记深刻指出，不能把自己封闭世界之外，必须树立全球视野[7]。但在开放环境中维护国家网络安全，需要科学的手段，以确保产品和服务的安全性、可控性，防止产品提供者借助提供产品之便，非法控制、干扰、中断用户系统，非法收集、存储、处理和利用用户有关信息。这就是网络安全审查制度，《战略纲要》将其作为一项重要的战略任务予以部署。

---

[6] 习近平在第二届世界互联网大会开幕式上的讲话，2015年12月16日。“我们应该尊重各国自主选择网络发展道路、网络管理模式、互联网公共政策和平等参与国际网络空间治理的权利，不搞网络霸权，不干涉他国内政，不从事、纵容或支持危害他国国家安全的网络活动。”

[7] 习近平在中国科学院第十七次院士大会、中国工程院第十二次院士大会上的讲话，新华社，北京，2014年6月9日电。“自主创新不是闭门造车，不是单打独斗，不是排斥学习先进，不是把自己封闭于世界之外。”“科学技术是世界性的、时代性的，发展科学技术必须具有全球视野。”

（四）进一步强化基础性工作

基础不牢，地动山摇。网络安全工作永远要注重夯实基础。但在不同时期，基础性工作包含的内容有所差别。一方面，《战略纲要》要求继续抓好带有长期性特点的基础性工作，做深做实，如网络安全技术研发、等级保护、风险评估、人才教育、标准化等工作；另一方面，对于没有如期完成的专项基础性工作，还要求尽快见效，如网络安全认证认可工作。此外，针对网络安全形势发展，还有一些新的基础性工作被提上了议事日程，如态势感知工作，这些工作将在《战略纲要》的指导下逐步落实。

（五）将国际合作推向深入

十年前，我们的重点是“办好自己的事情”；如今，互联网让世界变成了“鸡犬之声相闻”的地球村，没有一个国家可以置身事外、独善其身，建设网络空间命运共同体是大势所趋。更重要的是，面临日益复杂的网络空间国际竞争，我们必须主动作为，增强在全球维护网络空间安全利益的能力。

《战略纲要》表明了我们在国际上对网络安全的基本立场和主张，明确了我们的主要行动措施。一是在网络空间这一新的治理领域，抓住新赛场新规则正在形成的机遇，积极参与国际网络空间安全规则制定，为国际社会贡献中国方案。二是推动建立多边、民主、透明的国际互联网治理体系，积极参与和推进ICANN国际化改革。我们并不反对多利益攸关方治理模式，但强调各利益攸关方必须按其角色和责任行事，不能抵消甚至取代政府的主导权。三是加强国际网络空间执法合作，推动制定网络空间国际反恐公约。四是健全打击网络犯罪司法协助机制，共同维护网络空间和平安全。

四、结语

无疑，《战略纲要》的出台部分回应了国内外对我国网络安全战略的疑问或期盼。但这毕竟不是一份独立的网络安全战略，无论是对外宣示，还是对内指导工作，都还不够。我国在新时期的网络安全战略自 2011 年启动编制，千呼万唤难出来，不能不说是一种遗憾。《网络安全法》规定，国家制定并不断完善网络安全战略。这是以最严肃的形式表明国家对网络安全战略的重视，期盼其能够在不远的将来落地。

❀扩展阅读：

国家信息化发展战略纲要

当今世界，信息技术创新日新月异，以数字化、网络化、智能化为特征的信息化浪潮蓬勃兴起。没有信息化就没有现代化。适应和引领经济发展新常态，增强发展新动力，需要将信息化贯穿我国现代化进程始终，加快释放信息化发展的巨大潜能。以信息化驱动现代化，建设网络强国，是落实“四个全面”战略布局的重要举措，是实现“两个一百年”奋斗目标和中华民族伟大复兴中国梦的必然选择。

本战略纲要是根据新形势对《2006－2020 年国家信息化发展战略》的调整和发展，是规范和指导未来 10 年国家信息化发展的纲领性文件，是国家战略体系的重要组成部分，是信息化领域规划、政策制定的重要依据。

（以下略，全文阅读请扫二维码）

2016 年 12 月，经中央网络安全和信息化领导小组会议审议通过，国家互联网信息办公室发布了《国家网络空间安全战略》。这是我国首部公开发布的网络安全战略，是我国网络安全的关键顶层设计。本文发表于 2017 年 3 月，对《国家网络空间安全战略》进行了解读[8]。

——《国家网络空间安全战略》发布

[8] 原文发表于《保密工作》，2017 年 3 月，原标题《国家网络空间安全战略解析》。

上兵伐谋，进一步完善我国网络安全顶层设计

2016年12月，国家互联网信息办公室发布了《国家网络空间安全战略》（以下简称《战略》）。《战略》经中央网络安全和信息化领导小组会议审议通过，体现了中央维护国家网络安全的意志。举一纲而万目张，解一卷而众篇明，《战略》阐明了中国关于网络空间发展和安全的重大立场，对国家网络安全工作提供了总体指导，这是我国网络安全工作中的大事。

一、制定《战略》是完善我国网络安全顶层设计的重要举措

网络空间正在全面改变人们的生产生活方式，深刻影响人类社会历史发展进程。网络安全对国家安全牵一发而动全身，同许多其他方面的安全都有着密切关系。政治、经济、文化、社会、军事等各个领域的安全问题，都受到网络安全的直接影响。因此，开展网络安全工作，首先需要加强全局谋划、做好顶层设计。战略则是顶层设计的核心内容。据不完全统计，目前已有60多个国家发布或更新了国家网络安全战略，力图从国家层面加强统筹、协调和指导，摸索、总结网络空间规律，维护国家在网络空间的安全和利益；同时，也为在新一轮的国家综合实力竞争中掌握主动而结网布局。

21世纪初，国务院重新组建国家信息化领导小组时，便高度重视网络安全顶层设计工作。2005年，原国务院信息办组织制定了《国家信息安全战略报告》，以国家信息化领导小组名义发布。这是我国首部真正意义上的国家网络安全战

略，初步确定了国家网络安全的战略布局和长远规划。但遗憾的是，这份文件没有公开，影响了其作用的发挥。

中央网络安全和信息化领导小组成立后，习近平总书记要求，领导小组要发挥集中统一领导作用，统筹协调各个领域的网络安全和信息化重大问题，制定实施国家网络安全和信息化发展战略、宏观规划和重大政策，不断增强安全保障能力[9]。由此，制定国家网络安全战略列入领导小组的年度重点工作，国家互联网信息办会同有关部门成立《战略》联合起草组，历经两年有余，文本起草完成后经领导小组会议审议通过、公开发布。

2016 年 11 月通过的《网络安全法》第四条规定，国家制定并不断完善网络安全战略，明确保障网络安全的基本要求和主要目标，提出重点领域的网络安全政策、工作任务和措施。这是以国家法律的形式，明确了战略在国家网络安全工作中的重要作用。值得注意的是，“不断完善”指明了网络安全战略的一个客观规律。从各国制定网络安全战略经验看，虽然战略要管长远，但因势而变，很多国家的战略都维持了 2～3 年更新一次的频率，这也是我国在制定《战略》时把握的一点。

二、《战略》定位及其反映的我立场主张

《战略》具有对外、对内两方面的作用，对外是“举旗”“划线”，对内是“指路”。

“举旗”就是宣示我国对网络空间安全的基本立场和主张。纵观全球，在网

[9] 习近平主持召开中央网络安全和信息化领导小组第一次会议强调：总体布局统筹各方创新发展 努力把我国建设成为网络强国，新华社，2014 年 2 月 27 日。“习近平强调，中央网络安全和信息化领导小组要发挥集中统一领导作用，统筹协调各个领域的网络安全和信息化重大问题，制定实施国家网络安全和信息化发展战略、宏观规划和重大政策，不断增强安全保障能力。”

络安全这样一个敏感领域，公开发布战略其实是惯例。其背后的原因是，各国要通过公开发布战略，举起“旗帜”，以聚集志同道合者，扩大自己的朋友圈，从而提升国际话语权和影响力。我国《战略》从重大机遇和严峻挑战两个角度，阐述了我国对网络空间的认识，继而提出了我国对网络空间发展的愿景，即网络空间和平、安全、开放、合作、有序，这便是我们的“旗帜”。为实现这一目标，《战略》提出了坚持尊重维护网络空间主权、和平利用网络空间、依法治理网络空间、统筹网络安全与发展这四个基本原则。这四项原则，既包括我国对网络空间国际事务的处理原则，也包括网络安全工作的原则。以上的目标和原则构成了我国的基本立场和主张，核心是谋求安全与和平，反对滥用信息技术，反对网络霸权。

“划线”就是明确我国在网络空间的重大利益。《战略》明确指出，网络渗透危害政治安全，网络攻击威胁经济安全，网络有害信息侵蚀文化安全，网络恐怖和违法犯罪破坏社会安全，个别国家强化网络威慑战略、加剧网络空间军备竞赛，这些均是我国对网络空间安全的重大关切。基于此，我国在网络空间的核心利益体现为国家主权和国家政治安全。《战略》指出，网络空间主权不容侵犯。这就是我们的底线，对所有侵犯我网络主权的行为，国家将采取包括经济、行政、科技、法律、外交、军事等一切措施予以应对；对通过网络颠覆我国国家政权、破坏我国国家主权的一切行为，国家将坚决回击，没有丝毫退让余地。

“指路”就是对今后若干年的网络安全工作做出布局。《战略》指出，当前和今后一个时期国家网络空间安全工作的战略任务是坚定捍卫网络空间主权，坚决维护国家安全，保护关键信息基础设施，加强网络文化建设，打击网络恐怖和违法犯罪，完善网络治理体系，夯实网络安全基础，提升网络空间防护能力，强化网络空间国际合作 9 个方面。有必要指出，我国网络安全的顶层设计由一系列文件构成，《战略》是其中的核心，但对很多具体的工作，特别是实施层面的工作，还需要五年规划等文件来部署。

三、捍卫网络空间主权是根本任务

主权是现代国家的基本属性，没有主权，就没有现代国家。随着时代的发展，主权的实践与时俱进、不断创新。信息时代，网络空间成为现代国家的新疆域、全球治理的新领域，《联合国宪章》确立的主权平等原则，其精神也应该适用于网络空间，因此产生了网络空间主权的概念。习近平总书记在第二届世界互联网大会上提出，要尊重网络主权，不搞网络霸权，不干涉他国内政，不从事、纵容或支持危害他国国家安全的网络活动。我国《国家安全法》规定，维护国家网络空间主权、安全和发展利益。《网络安全法》开宗明义：要维护网络空间主权和国家安全、社会公共利益，保护公民、法人和其他组织的合法权益。

什么是国家主权，这在国际关系领域已有定论和共识。但网络空间主权包含哪些内容，目前国际上争论很大。中国作为网络空间主权的提出者、捍卫者，此次通过《战略》对外阐述了我们的观点。首先，各国主权范围内的网络事务由各国人民自己做主，各国有权根据本国国情，借鉴国际经验，制定自己的网络管理政策，这种“在互联网领域的公共政策制定权”是信息社会世界峰会（WSIS）的共识；其次，各国有权采取必要措施，管理本国信息系统及本国疆域上的网络活动，这是管辖权；再次，各国有权保护本国信息系统和信息资源免受侵入、干扰、攻击和破坏，保障公民在网络空间的合法权益，这是自卫权；最后，各国有权防范、阻止和惩治危害国家安全和利益的有害信息在本国网络传播，维护网络空间秩序，这是我们维护政治安全和政权安全的基本要求。

为了保护国家网络空间主权，《网络安全法》做出了两项法律规定，以法律形式明确了中国维护国家网络主权的手段。一个是第五条：国家采取措施，监测、防御、处置源于中华人民共和国境内外的网络安全风险和威胁，保护关键信息基础设施免受攻击、侵入、干扰和破坏，依法惩治网络违法犯罪活动，维护网络空间安全和秩序。另一个是第七十五条：境外的机构、组织、个人从事攻击、侵入、干扰、破坏等危害中华人民共和国的关键信息基础设施的活动，造成严重后果的，依法追究法律责任；国务院公安部门和有关部门并可以决定对该机构、组织、个人采取冻结财产或者其他必要的制裁措施。

四、关键信息基础设施是防护重点

2003 年，中办、国办印发《国家信息化领导小组关于加强信息安全保障工作的意见》时，考虑到我国网络安全工作处于起步阶段，本着突出重点、循序渐进的原则，将我国网络安全防护重点明确为“基础信息网络和关系国家安全、经济命脉、社会稳定的重要信息系统”，具体包括广播电视传输网、电信网、互联网，以及银行、保险、证券、民航、铁路、税务、海关、电力等领域的信息系统。

比起全球绝大多数国家，这个范围都显得窄，例如美国目前的保护重点早已从 8 类扩展到 17 类。特别是，随着信息化深入推进，有更多的重要行业高度依赖信息技术，其一旦出现网络安全事故均会产生极为严重的后果。为此，《战略》特别提出了“保护关键信息基础设施”的任务。根据《战略》的描述，关键信息基础设施的范围比较大，包括重要互联网应用系统。这反映了信息化发展的现实情况，也符合国际惯例。关键信息基础设施保护是我国网络安全的基本制度，因此《网络安全法》单列一节提出具体要求。根据该法的授权，由国务院制定关键信息基础设施安全保护办法，这是对《战略》中提出的“依法综合施策，切实加强关键信息基础设施安全防护”的落实。

五、夯实网络安全基础是长期任务

基础性工作决定实力，影响深远，网络安全工作永远要注重夯实基础。但在不同时期，基础性工作包含的内容有所差别。在网络安全事业发展到今天，《战略》对以下几项基础性工作作了布局。

一是突破核心技术。习近平总书记指出，核心技术是我们最大的“命门”，核心技术受制于人是我们最大的隐患[10]。关于什么是核心技术，怎样突破核心技术，总书记已经在2016年4月19日的网络安全和信息化工作座谈会上作了深刻阐述[11]。《战略》提出这一要求是在落实总书记重要讲话精神，特别是强调了要“以企业为主体，产学研用相结合，协同攻关、以点带面、整体推进”。

二是实现网络强国战略目标的“基础强”和“内容强”，从而为维护国家网络安全提供丰富的物质基础。包括发展网络基础设施，丰富网络空间信息内容，实施“互联网+”行动，大力发展网络经济。

三是确保新技术新应用安全，不但要实施国家大数据战略，更要建立大数据安全管理制度，支持大数据、云计算等新一代信息技术创新和应用。

四是发展网络安全产业，一方面要优化市场环境，减轻企业负担、治理恶性竞争，另一方面是鼓励网络安全企业做大做强。粗略估计，国外一家网络安全企业的营收甚至超出我国网络安全市场的总规模，这与网络安全产业的战略地位完全不相称，这一局面应当改变。

---

[10] 习近平在网络安全和信息化工作座谈会上的讲话，新华社，北京，2016年4月25日电。“互联网核心技术是我们最大的‘命门’，核心技术受制于人是我们最大的隐患。”

[11] 习近平在网络安全和信息化工作座谈会上的讲话，新华社，北京，2016年4月25日电。“什么是核心技术？我看，可以从3个方面把握。”“核心技术要取得突破，就要有决心、恒心、重心。”

五是建立完善国家网络安全技术支撑体系，提升网络安全自主创新能力，包括加强网络安全基础理论和重大问题研究。

六是加强网络安全标准化和认证认可工作，充分发挥标准与合格评定制度的作用，更多地利用标准规范网络空间行为。

七是做好等级保护、风险评估、漏洞发现等制度性工作。这些工作是维护网络安全的重要制度，早有布局，但仍需长期实施，不断完善。此外，“聪者听于无声，明者见于未形”，根据习近平总书记“感知网络安全态势是最基本最基础的工作”的重要指示[12]，《战略》还进一步要求，完善网络安全监测预警和网络安全重大事件应急处置机制。

八是加强网络安全人才培养和宣传教育。网络空间的竞争，归根结底是人才的竞争。《战略》部署了实施网络安全人才工程的重要任务，一个重要的举措是打造一流网络安全学院和创新园区。“一流网络安全学院”是《战略》落实总书记重要讲话精神[13]，提出的培养人才的新模式，基本思路是实现学院与创新园区紧密互动，构建起类似于硅谷+斯坦福大学的产学研生态环境。

六、强化国际合作是重要依托

网络安全威胁是国际社会面临的共同挑战，建设网络空间命运共同体是大势所趋。当前，网络空间国际竞争日趋激烈，没有话语权就不能左右自己的命运，没有影响力就失去主动权。十八届五中全会提出，要积极参与全球经济治

---

[12] 习近平在网络安全和信息化工作座谈会上的讲话，新华社，北京，2016年4月25日电。

[13] 习近平在网络安全和信息化工作座谈会上的讲话，新华社，北京，2016年4月25日电。“培养网信人才，要下大功夫、下大本钱，请优秀的老师，编优秀的教材，招优秀的学生，建一流的网络空间安全学院。”

理和公共产品供给，提高我国在全球经济治理中的制度性话语权，构建广泛的利益共同体。网络空间是新赛场，治理规则不健全，西方国家还没有形成强势，这成为我国参与全球治理的绝佳突破口。

《战略》阐述了我国强化网络空间国际合作的主要措施。

一是推动互联网全球治理体系变革，推进互联网地址、根域名服务器等基础资源管理国际化，建立多边、民主、透明的国际互联网治理体系。

二是支持联合国发挥主导作用，积极参与国际网络空间安全规则制定，为国际社会贡献中国方案，体现中国主张，彰显和平正义。

三是加强对发展中国家和落后地区互联网技术普及和基础设施建设的支持援助，努力弥合数字鸿沟。信息技术水平已经成为国家实力要素，为了落实习近平总书记“国家利益在哪里，信息化就覆盖到哪里”的重要指示[14]，要借“一带一路”契机使我国网信企业“走出去”，畅通信息丝绸之路，并利用好世界互联网大会等全球互联网共享共治平台，共同推动全球互联网健康发展。

❀扩展阅读：

国家网络空间安全战略

信息技术广泛应用和网络空间兴起发展，极大地促进了经济社会繁荣进步，同时也带来了新的安全风险和挑战。网络空间安全（以下称网络安全）事关人类共同利益，事关世界和平与发展，事关各国国家安全。维护我国网

[14] 习近平在网络安全和信息化工作座谈会上的讲话，新华社，北京，2016年4月25日电。“我们要鼓励和支持我国网信企业走出去，深化互联网国际交流合作，积极参与‘一带一路’建设，做到‘国家利益在哪里，信息化就覆盖到哪里’。”

络安全是协调推进全面建成小康社会、全面深化改革、全面依法治国、全面从严治党战略布局的重要举措，是实现“两个一百年”奋斗目标、实现中华民族伟大复兴中国梦的重要保障。为贯彻落实习近平主席关于推进全球互联网治理体系变革的“四项原则”和构建网络空间命运共同体的“五点主张”，阐明中国关于网络空间发展和安全的重大立场，指导中国网络安全工作，维护国家在网络空间的主权、安全、发展利益，制定本战略。

（以下略，全文阅读请扫二维码）

2017年3月1日，经中央网络安全和信息化领导小组批准，中国外交部、国家互联网信息办发布《网络空间国际合作战略》。这是自印发《国家网络空间安全战略》后，我国网络安全专项工作的再一次顶层设计。本文和下一篇《谱写信息时代国际关系新篇章》发表于2017年3月，对《网络空间国际合作战略》进行了解读[15]。

——《网络空间国际合作战略》发布

[15] 《网络空间治理的中国主张与国际博弈》原文发表于《网络传播》，2017年3月，原标题《网络空间博弈首应"闻之者众"》。《谱写信息时代国际关系新篇章》原文发表于《人民日报》，2017年3月3日第21版，有修改。

网络空间治理的中国主张与国际博弈

2017 年 3 月 1 日，外交部、国家互联网信息办联合发布了《网络空间国际合作战略》（以下简称《战略》）。《战略》的发布经中央网络安全和信息化领导小组批准，反映了中央意志。习近平总书记深刻指出，网络安全博弈，不仅仅是技术博弈，还是理念博弈、话语权博弈[16]。我们的话语权从何而来？首先要向外宣示国家在网络空间的立场、主张，做到“闻之者众”，此后方能“听之者从”。

《战略》全面涵盖网络空间治理的诸多重要议题，内涵丰富，字字玑珠，很多主张的背后都有深刻的国际博弈背景和重大政策考量。针对近期国内外对《战略》的主要关切，本文对有关要点作了分析。

一、众说纷纭话主权，一词多表谁排难

“网络空间主权”是中国关于网络空间的基本主张，也是我国在网络空间的核心利益。迄今为止，我国在 5 个重要场合或文件中对此作了阐述：2015 年 12 月，习近平总书记在世界互联网大会上正式提出这一主张[17]；2015 年 7 月和

---

[16] 习近平在网络安全和信息化工作座谈会上的讲话，新华社，北京，2016 年 4 月 25 日电。“目前，大国网络安全博弈，不单是技术博弈，还是理念博弈、话语权博弈。”

[17] 习近平在第二届世界互联网大会开幕式上的讲话，2015 年 12 月 16 日。“尊重网络主权。《联合国宪章》确立的主权平等原则是当代国际关系的基本准则，覆盖国与国交往各个领域，其原则和精神也应该适用于网络空间。”

2016年11月，《国家安全法》和《网络安全法》先后做出“维护国家网络空间主权、安全和发展利益”和“维护网络空间主权”的表述；2016年12月，《国家网络空间安全战略》将“尊重维护网络空间主权”作为基本原则；此次的国际合作战略对这一原则作了进一步深化。

西方国家最初并不承认网络空间有主权，其担心中国的这一主张将占据道义制高点，故以互联网属于全球公域为由，携“互联网自由”主张与我抗衡。但西方的观点显然难以自圆其说。且不论，2003年召开的信息社会世界峰会成果文件中早已指出，制定互联网有关公共政策属于一国主权范围。即便是后来美国在2011年《网络空间国际战略》中提出的网络空间自卫权问题，本质上也是主权的体现。2013年，联合国信息安全政府专家组提出报告，网络空间主权纳入其中。

时至今日，主权存在与否已无需讨论，但各国对网络空间主权的内涵却有不同理解。《战略》明确提出，网络空间主权至少应包括以下方面：一是互联网公共政策和法律法规制定权不受外来干预；二是对本国境内设施、资源和活动的管辖权；三是有权保护本国系统和资源免受攻击破坏，即自卫权；四是内政和国家政权、国家安全不受外来势力的网络干涉和破坏。

网络空间主权的“一词多表”现象在国内同样存在，各方面对此认识极不统一，一些并非由主权国家行使的权利被强塞入这一概念，使其早已不能承受之重。有的国外政府认为，中国的网络空间主权就是把所有产品源码控制起来，这种猜测其实受到了国内某些呼吁“自主可控”的专家对网络空间主权自行解读的影响。近年来，还有专家或部门提出了“数据主权”概念，这也是对“主权”的过度引申。随着《战略》出台，这些争论应该逐渐平息。

二、四面八方齐登场，多边多方孰坐庄

网络空间治理的一个重要方面是互联网治理，而互联网治理的核心是如何

管理根域名解析服务器等互联网基础资源。迫于国际压力，美国最终在 2016 年 10 月 1 日向 ICANN（互联网名称与数字地址分配机构）移交了 IANA（互联网数字号码分配机构）控制权，互联网基础资源管理的国际化进程迈出了重要一步。但是，由于美国实际上还对 ICANN 保持着重要影响，且美国对 IANA 移交设定了严苛的条件，随时可以收回，国际社会还不能对这次移交过于乐观。《战略》透露了中国政府的目标：要使 ICANN 成为具有真正独立性的国际机构。

为此，《战略》提出了共治原则，主张通过国际社会平等参与和共同决策，构建多边、民主、透明的全球互联网治理体系。而美国为首的西方国家提出的则是“多利益攸关方”模式。两种模式的根本差别体现在“多边”和“多方”含义大有不同。

“多边”是个外交词汇，纯粹指国与国的相互关系。我国政府认为，网络空间国际治理，首先应坚持多边参与。国家不分大小、强弱、贫富，都是国际社会平等成员，都有权通过国际网络治理机制和平台，平等参与网络空间的国际秩序与规则建设，确保网络空间的未来发展由各国人民共同掌握。

“多方”则大有玄机，这是指政府、国际组织、互联网企业、技术社群、民间机构、公民个人等多个方面。作为利益攸关方，“多方”当然应该参与互联网治理。但问题是，在西方国家的方案中，这些“多方”被赋予了相同的地位，这实际上是否定了主权国家在互联网治理体系变革中的主导地位。而且，美国的互联网企业力量强大，“多方”模式最终会弱化主权国家的声音，进一步增强美国的控制权。

我国政府并不反对“多方”模式，但始终强调，“多方”模式应以政府主导为前提。《战略》指出，各利益攸关方应在多方治理模式中发挥与自身角色相匹配的作用，政府应在互联网治理特别是公共政策和安全中发挥关键主导作用，实现共同参与、科学管理、民主决策。

三、规矩绳墨有缺残，岂能携私欺方圆

没有规矩不成方圆，规则是社会运行的基础。网络空间是人类生存新空间，发展不平衡、规则不健全、秩序不合理等问题十分突出，制定网络空间国际规则的任务极为迫切，这已经为国际社会所共识。

但在制定什么样的国际规则方面，各方分歧很大。中国主张在联合国框架下制定各国普遍接受的网络空间国际规则和国家行为规范，确立国家及各行为体在网络空间应遵循的基本准则，规范各方行为，促进各国合作。

为了在这样一个新的竞技场上获得制度性话语权，中国谋求主动作为，联合上合组织其他成员国，于 2015 年 1 月向联大提交了“信息安全国际行为准则”更新案文。这是国际上第一份全面系统阐述网络空间行为规范的文件。《战略》指出，中国将继续就该倡议加强国际对话，争取对该倡议广泛的国际理解与支持。

美国对我国率先提出国际规则草案耿耿于怀，近几年加紧兜售其对规则的基本设想。美方方案与中国方案的本质区别，在于其完全从一己之私出发，持双重标准，试图通过国际规则为其网络战和情报监听行为开绿灯。因此，美国最初只愿意将《武装冲突法》等国际规则适用于网络空间，不愿制定新的规则，试图使其网络战行为事实上合法化。此后，美国又提出，可以制定和平时期网络规则，有意回避战时等军事议题，依然试图脱离国际规则的制约。

中方态度很明确。《战略》指出，中国反对任何形式的黑客攻击，无论何种黑客攻击，都是违法犯罪行为，都应该根据法律和相关国际公约予以打击。

四、历马嘶鸣狼烟起，好战必亡终反噬

在经济社会发展全面依赖信息化的情况下，网络武器造成的后果已经等同

于核武器等大规模杀伤性武器。但很多国家都在加紧组建网络战部队，特别是美国等国大力发展进攻性网络战能力，并越来越多地倾向于通过网络攻击手段解决国与国的冲突，这将严重威胁人类安全与发展，网络军控迫在眉睫。

一些西方国家已经尝到了网络战“甜头”，例如美国曾通过网络攻击成功延缓了伊朗核计划，自然不愿意放弃，更何况其占据极大的技术领先优势。美国等西方国家提出，网络空间天然具备军事属性，既然现实世界有军队，那么自然网络空间也应有军队。面对由此可能会带来“天下大乱”的质疑，美国抛出了“威慑”理论：网空军备竞赛不可怕，等到大家都有了足够的攻击性能力后，大家就不敢轻举妄动了，网络空间自然会达到稳定状态。美国的这一理论来自核威慑，因为有核国家都有了二次打击能力后，任谁也不敢轻言启动核按钮。

但网络问题与核问题并不能这样简单对比，美国在网络领域一家独大，所谓的“平衡”无非是按照美国意愿控制全世界而已。美国及其盟国还表示，网络战确实是潘多拉魔盒，但这个魔盒已然打开，已经不可能将魔鬼再收回去了。

网络威胁具有典型的非对称性，如果任凭魔鬼肆虐，恐怕那些网络战大国最终也会反受其害。世界期待更合理、更科学的方案。《战略》首先明确，网络空间具有和平属性，中方愿推动国际社会就此展开讨论。中国主张，应积极建立双多边信任措施，采取预防性外交举措，通过对话和协商的方式应对各种网络安全威胁，而非诉诸武力。中国呼吁，加强对话，研究影响国际和平与安全的网络领域新威胁，共同遏制信息技术滥用，防止网络空间军备竞赛。

五、四海分崩难承载，五洲归一一平台

面对网络空间诸多问题和挑战，任何国家都难以独善其身、置身事外，必须以务实态度开展国际合作，这已在国际社会得到高度共识。但如何选择主要合作平台，西方国家有着自己的算盘。

众所周知，联合国在维护世界和平、缓和国际紧张局势、解决地区冲突方面，发挥着基础性作用，是最权威的国际组织。对网络安全这样一个典型的全球性问题，任何区域组织都难以承载。我国政府认为，联合国是讨论这一问题最合适的平台。为此，《战略》无论在制定国际规则，还是推进互联网公平治理、打击网络犯罪和网络恐怖主义方面，都明确提出，要在联合国框架下开展工作，充分发挥联合国的统筹作用，协调各方立场，凝聚国际共识，其他国际机制和平台也应发挥各自优势，提供有益补充。

习近平总书记深刻指出，网络空间治理不能搞单边主义，不搞一方主导或由几方凑在一起说了算[18]。中国政府呼吁发挥联合国的主平台作用，原因有三：一是防止网络安全议题被少数几个国家把控；二是联合国成员是主权国家而非所有的多利益攸关方，便于发挥主权国家政府的主导作用；三是联合国成员无论大小贫富，均一国一票，充分体现民主。

也正是这个原因，西方一些大国有意绕开联合国，拉拢自己的“跟班”，强势搭建符合自身意愿的区域性平台，并不断造势，试图将区域组织的观点“放大”为国际共识，这一动向值得注意。

六、丝路融通千古意，八方来贺应有期

以互联网为代表的信息技术是当代最具前途的生产力，信息能力决定了一个国家的综合国力。习近平总书记要求，国家利益在哪里，信息化就覆盖到哪

---

[18] 习近平在第二届世界互联网大会开幕式上的讲话，2015 年 12 月 16 日。“国际网络空间治理，应该坚持多边参与、多方参与，由大家商量着办，发挥政府、国际组织、互联网企业、技术社群、民间机构、公民个人等各个主体作用，不搞单边主义，不搞一方主导或由几方凑在一起说了算。”

里[19]。《战略》高度重视全球数字经济合作，根本原因就在于，网信企业“走出去”的成效和质量反映了我国信息技术水平，决定了我国在全球网络空间的影响力。且唯有如此，才能体现中国是网络空间的建设者、维护者和贡献者。

逐鹿全球，方显大国新风范。电子商务是我国的优势，我们应推动制定完善的网络空间贸易规则，促进各国相关政策的有效协调。要进一步深化电子商务国际合作，提高通关、物流等便利化水平。

千年一叹，丝路辉煌今再现。国家将紧密结合“一带一路”建设，推动并支持中国的互联网企业联合制造、金融、信息通信等领域企业率先走出去，按照公平原则参与国际竞争，共同开拓国际市场，构建跨境产业链体系。尤其要加大对广大发展中国家的网络安全和信息化能力建设援助，包括技术转让、关键信息基础设施建设和人员培训等，将“数字鸿沟”转化为数字机遇，让更多发展中国家和人民共享互联网带来的发展机遇。

---

[19] 习近平在网络安全和信息化工作座谈会上的讲话，新华社，北京，2016 年 4 月 25 日电。“我们要鼓励和支持我国网信企业走出去，深化互联网国际交流合作，积极参与‘一带一路’建设，做到‘国家利益在哪里，信息化就覆盖到哪里’。”

谱写信息时代国际关系新篇章

当今时代，网络关系已经成为最重要的国际关系之一，为国与国的政治、军事、外交、经贸关系带来越来越直接和明显的影响。中国致力于成为世界和平的建设者、全球发展的贡献者、国际秩序的维护者，就必须在网络空间相关国际问题上表明政策立场，明确网络领域对外工作的基本原则、战略目标和行动要点。2017 年 3 月 1 日，中国外交部、国家互联网信息办发布《网络空间国际合作战略》（以下简称《战略》），不但对上述问题给出了答案，更是开辟了中国特色大国外交新领域，谱写了信息时代国际关系新篇章。

一、全球治理体系加速变革，网络空间命运共同体描绘人类未来发展前景

当前，国际格局在新起点上加快调整变化，世界经济低迷不振，难民问题搅乱欧洲，逆全球化暗流涌动，西方遭遇“民主危机”，全球治理体系迎来重要变革期。与此同时，网络空间作为人类生活新空间，发展不平衡、规则不健全、秩序不合理等问题日益凸显，网络战阴霾密布，西方一些国家利用信息技术优势干涉别国内政，从事大规模网络监听等活动时有发生。网络空间治理成为关系全人类生存和发展的重大议题，为全球治理体系变革增添了新的内涵。中国始终是维护世界和平、促进共同发展的重要力量，在关键时刻发出时代强音，提出了共同构建网络空间命运共同体的重要主张，这是《战略》的核心思想。

提出网络空间命运共同体的时代背景是，各国在网络空间互联互通、利益交融、休戚与共，特别是面对网络安全这一全球性问题与挑战，任何国家都难以独善其身，必须携手应对、共同治理。这是自 2017 年 2 月 10 日“构建人类命运共同体”理念首次被写入联合国决议之后，中国在全球重要治理领域对命运共同体理念的延伸和完善，彰显了中国对全球治理的重大贡献。

“网络空间命运共同体”是中国处理网络空间国际关系时高举的新旗帜，是以应对网络空间共同挑战为目的的全球价值观。承担“共同责任”是构建“网络空间命运共同体”的前提条件，其所揭示的是合作共赢、彼此负责的处事态度；是平等相待、互商互谅的伙伴关系；是管控分歧、相向而行的安全理念；是开放创新、包容互惠的发展前景；是和而不同、兼收并蓄的文明潮流。

二、完善网络安全顶层设计，深化网络空间立场主张

战略是对全局谋划和顶层设计。网络安全牵一发而动全身，更需要战略指引。中央网络安全和信息化领导小组成立后，习近平总书记指出，领导小组要发挥集中统一领导作用，统筹协调各个领域的网络安全和信息化重大问题，制定实施国家网络安全和信息化发展战略、宏观规划和重大政策，不断增强安全保障能力[20]。2016 年 11 月通过的《网络安全法》第四条规定，国家制定并不断完善网络安全战略，明确保障网络安全的基本要求和主要目标，提出重点领域的网络安全政策、工作任务和措施。这里的战略不能理解为一个文件，而是一个战略体系。其以 2016 年 12 月公布的《国家网络空间安全战略》为总体，在外交、文化、经济等领域逐步展开，共同构成对我国网络

[20] 习近平主持召开中央网络安全和信息化领导小组第一次会议强调：总体布局统筹各方创新发展 努力把我国建设成为网络强国，新华社，2014-2-27.

空间安全和发展的顶层设计。

如果说，《国家网络空间安全战略》的作用是“举旗”“划线”“指路”，对外宣示主张，对内指导工作，那么此次在外交领域发布的《战略》则是把“举旗”工作向前推进了一步，面向外交工作，对前者提出的主张和立场作了进一步阐释和深化。具体是，在前者“和平、安全、开放、合作、有序”的网络空间愿景下，《战略》将其细化为六个目标，即维护主权与安全，构建国际规则体系，促进互联网公平治理，保护公民合法权益，促进数字经济合作，打造网上文化交流平台；在前者“坚持尊重维护网络空间主权，和平利用网络空间，依法治理网络空间，统筹网络安全与发展”这四个总体原则下，《战略》阐释了我国开展网络空间国际交流与合作的基本原则，即和平原则、主权原则、共治原则、普惠原则。通过这些目标与原则，《战略》奠定了我国政府对制定网络空间国际规则的基本理念，展示了我国政府在网络空间主持正义、维护和平的坚强决心，也描绘了网络空间未来发展的美好蓝图。

三、合作共赢，以九大行动计划构建全球网络空间治理新体系

谋定后动，行且坚毅，《战略》不仅有口号，更有行动。为携手应对威胁，谋求共同发展，以期构建公正合理的全球网络空间治理体系，《战略》提出了九大行动计划。

一是倡导和促进网络空间和平与稳定。重点是建立信任措施，通过对话和协商方式应对网络安全威胁，共同遏制信息技术滥用，防止网络空间军备竞赛。

二是推动构建以规则为基础的网络空间秩序。中国的基本立场是发挥联合国在网络空间国际规则制定中的重要作用，继续力推已于2015年1月向联大提交的“信息安全国际行为准则”得到更广泛的国际理解与支持。

三是不断拓展网络空间伙伴关系。中国致力于与国际社会各方建立广泛的合作伙伴关系，积极拓展双边网络事务对话机制，推动各个区域组织、国际组织开展网络安全合作和对话交流。

四是积极推进全球互联网治理体系改革。中国的核心主张是推动互联网名称和数字地址分配机构（ICANN）国际化改革，使互联网关键资源得到公平分配和管理。

五是深化打击网络恐怖主义和网络犯罪国际合作。中国将力推制定网络空间国际反恐公约，消除各方在网络恐怖主义定性等问题上的分歧，并支持联合国安理会在打击网络恐怖主义国际合作问题上发挥重要作用。同样，中国主张在联合国框架下讨论打击网络犯罪问题，建议制定打击网络犯罪的全球性国际法律文书，而不是由在少数国家控制下的地区性组织说了算。

六是倡导对隐私权等公民权益的保护。中国支持互联网的自由与开放，充分尊重公民在网络空间的权利和基本自由，尤其是推动各国采取措施制止利用网络侵害个人隐私的行为。

七是推动数字经济发展和数字红利普惠共享。在全球经济复苏乏力的情况下，中国一直主张以信息化培育新动能、用新动能推动新发展。中国将推动电子商务国际合作，加快“走出去”步伐，支持向广大发展中国家提供网络安全和信息化能力建设援助，使互联网红利惠及全球各国人民。

八是加强全球信息基础设施建设和保护。一方面，中国将采取措施推动全球信息基础设施建设，铺就信息畅通之路；另一方面，中国将制定关键信息基础设施保护的国际合作措施，共同提高网络风险的防范和应对能力。

九是促进网络文化交流互鉴。中国将推动各国开展网络文化合作，使互联网成为文化交流、文化互鉴的平台，丰富人们精神世界，促进人类文明进步。

❀扩展阅读：

网络空间国际合作战略

序言

“网络空间是人类共同的活动空间，网络空间前途命运应由世界各国共同掌握。各国应该加强沟通、扩大共识、深化合作，共同构建网络空间命运共同体。”

——中国国家主席习近平，2015年12月16日

当今世界，以互联网为代表的信息技术日新月异，引领了社会生产新变革，创造了人类生活新空间，拓展了国家治理新领域，极大地提高了人类认识世界、改造世界的能力。

作为人类社会的共同财富，互联网让世界变成了“地球村”。各国在网络空间互联互通，利益交融，休戚与共。维护网络空间和平与安全，促进开放与合作，共同构建网络空间命运共同体，符合国际社会的共同利益，也是国际社会的共同责任。

《网络空间国际合作战略》全面宣示了中国在网络空间相关国际问题上的政策立场，系统阐释了中国开展网络领域对外工作的基本原则、战略目标和行动要点，旨在指导中国今后一个时期参与网络空间国际交流与合作，推动国际社会携手努力，加强对话合作，共同构建和平、安全、开放、合作、有序的网络空间，建立多边、民主、透明的全球互联网治理体系。

（以下略，全文阅读请扫二维码）.

2015 年 6 月，全国人大将《网络安全法》（草案一审稿）公开征求意见。这是我国网络安全工作中具有里程碑意义的重大事件。本文发表于 2015 年 7 月，对《网络安全法》（草案一审稿）进行了分析解读[21]。

——《网络安全法》（一审稿）征求意见

[21] 原文发表于《中国信息安全》，2015 年 8 月，原标题《蓄力一纪 由是始之——〈网络安全法（草案）〉评述》。

蓄力一纪，可以远矣
——《网络安全法》草案评述

2015年6月，全国人大常委会初次审议了《网络安全法》草案（以下简称“草案”），并对外征求意见。回顾2003年，中办27号文《国家信息化领导小组关于加强信息安全保障工作的意见》便已提出“抓紧研究起草《信息安全法》”的要求，迄今已12年整，恰如白驹过隙。古称12年为一纪，《国语·晋语四》曰“蓄力一纪，可以远矣”，但功归一载，利在千秋。

一、重大历史进步

网络安全不是今天才重要，网络安全立法也不是今天才迫切的。12年前的中央文件曾罕见地以书名号明确了立法任务，可见决心之巨。只是网络安全立法之路实在艰辛，时国务院信息办审时度势，由《信息安全条例》角度入手，并连续数年推动其列入国务院法制办二类立法计划，之后未能再进一步。2008年后，国务院信息办职能整体划转至工业和信息化部，有关方面意识到制定条例未必就比人大立法容易，且国务院行政法规无法调整现行上位法的法律规定，遂决定返回制定《信息安全法》。然而国民经济和社会发展颇多领域亟待立法，国家立法资源有限，每个部门允许提出的立法建议屈指可数。工业和信息化部既要考虑信息化立法，还要考虑工业立法，一半指标已不得用，而信息化方向还有一部历史更为悠久的电信法望眼欲穿，《信息安全法》终究连个队都没排上。期间，人大建议、政协提案不计其数，社会公众翘首以盼，均无果。

此次草案公开征求意见，表明这项工作进入了实质性立法程序，这是一个重大历史进步。我们欢欣鼓舞之所在，不是因为草案具体内容，而源于征求意见本身的象征意义。时至今日，我们对网络安全立法不是搞清楚、看明白了，而是问题更多、更复杂了，很多观点分歧可能更大了，网络安全立法难度不降反升，但突破恰恰在此时。中央网络安全和信息化领导小组成立后，中央领导同志英明决策，切实将网络安全提升到了国家安全和发展的高度，不但做出“网络强国”的全局战略部署，更扎实推进各项工作取得积极进展。网络安全宣传周、网络空间安全一级学科等，无一不历经多年论证而蹉跎，今朝方开花结果。

诚然，网络安全立法工作十分艰巨，草案肯定有这样那样的问题，但今天的一小步，是国家网络安全工作的一大步。我们应该宽容它、呵护它，使其不断成熟、更加科学，成长为护佑国家网络安全和信息化发展的参天大树。

二、彰显国家意志，确立基本原则

草案在“总则”和“网络安全战略、规划与促进”部分提出的宣示性条款远较其他法律为多，还设立一条倡导性条款（即“倡导诚实守信、健康文明的网络行为”）。作为我国网络安全的基本法，这些“软性”法律规定确有必要，意在于宣示国家网络安全工作的基本原则，明确建设网络安全保障体系的主要举措，从而为整体推进保障体系建设提供法律依据。

一是坚持网络安全和信息化发展并重原则。网络安全和信息化是一体之两翼，驱动之双轮，要坚持以安全保发展，以发展促安全，不能简单地通过不上网、不共享、不互联互通来保安全，或者片面强调建专网。要努力实现技术创新和体制机制创新，不断增强维护网络安全的新思路、新方法、新举措、新本领，而不是因噎废食、自甘落后。

二是提出了网络空间主权。网络空间主权是国家主权在网络空间的体现和延伸，网络空间主权原则是我国维护国家安全和利益、参与网络空间国际合作所坚持的重要原则。草案虽未作解释，且一笔带过，然犹有石破天惊之意。

三是开展国际合作。网络安全是全球面临的共同问题，中国对广泛开展国际合作持积极态度，合作重点包括但不限于网络治理、技术与标准、打击违法犯罪等，目标是推动构建和平、安全、开放、合作的网络空间。

四是建立统筹协调、分工负责的网络安全管理体制。多年实践和各国经验表明，网络安全工作离不开统筹协调。随着中央网络安全和信息化领导小组的成立，有必要通过立法增强领导小组及其办公室的权威性。草案规定，国家网信部门负责统筹协调网络安全工作和相关监督管理工作。具体包括，对监测预警和信息通报、网络安全应急、关键信息基础设施安全防护等跨部门工作，由网信部门统筹协调；对网络安全审查、重要数据跨境流动安全评估等新出现的综合性管理工作，由网信部门会同国务院有关部门制定办法或组织实施。由此，政府向解决分散、多头和重复管理迈出了关键一步。

五是加强行业自律。要充分发挥行业组织作用，指导行业组织成员加强网络安全防护，促进行业健康发展。

六是强化网络安全顶层设计。顶层设计至关重要，首先是要制定网络安全国家战略，对外宣示主张，对内指导工作；其次要由行业主管部门、其他有关部门制定重点行业、重点领域网络安全规划，确保战略落地，确保这些行业和领域的网络安全工作有目标、有任务、有举措、有监督。

七是建立和完善网络安全标准体系，充分发挥标准在网络安全建设中的指导性、规范性作用。

八是加大财政投入，以加快产业发展，深化技术研发，提升网络安全创新能力。

九是做好宣传教育和人才培养工作。首先，要开展经常性的网络安全宣传教育；其次，要通过学历教育和在职培训，采取多种方式培养网络安全人才。

三、关键信息基础设施保护工作进入正轨

关键信息基础设施保护（CIIP）是各国的通行举措。虽然关键基础设施保护（CIP）涉及物理设施安全，与前者不完全一致，但两者在多数情况下已可以混用。CIIP/CIP 一直是各国网络安全战略的重点，有的国家甚至以 CIIP/CIP 战略代指国家网络安全战略。我们国家在 2003 年时已经要求“重点保障基础信息网络和重要信息系统安全”，并且在实践中明确了基础信息网络是广电网、电信网、互联网，重要信息系统是银行、证券、保险、民航、铁路、电力、海关、税务等行业的系统，即俗称的“2+8”，相关保护工作也常抓不懈。但整体而言，我们与国外差距很大，已是国家安全的软肋，草案为此设立了“关键信息基础设施的运行安全”一节。

一是扩展了保护范围。纵观世界各国，凡是已经开展了网络安全建设的国家，其关键基础设施的范围几乎都远超过我们，例如美国有 17 类，而我们则有很多重要系统尚未纳入保护视野。草案首次明确了关键信息基础设施范围，包括基础信息网络、重点行业信息系统、公共服务领域重要信息系统、军事网络、地市级以上国家机关政务网络、用户数量众多的网络服务商系统。最后一类系统中很多由私企运营，运营者可能对其列为国家关键信息基础设施不适应，但当网络服务商的用户达到一定规模时，其安全已经不再是企业自身问题，而成为一个公共问题、社会问题，甚至国家安全问题，理应承担更多责任。一些国外机构可能会拿这个做文章，但事实上美国的关键基础设施有 87%受私营企业控制。

二是明确了保护要求。等级保护是 1994 年《计算机信息系统安全保护条例》

提出的制度，其对全国各类信息系统提出了分五个等级的通用安全要求。恰恰因为通用，这个要求只能是基线（即基本要求），其有必要但并不足够，特别是不足以反映应用模式日趋复杂的异构系统的动态防护需求。此外，保护关键信息基础设施涉及很多工作，不仅仅是提出系统自身的保护要求，加强系统安全建设那么简单，还包括一系列的管理工作和公共平台建设，不能由一项制度取代其他制度，理应对此建立专门制度。草案提出，关键信息基础设施安全保护办法由国务院制定。对于某些重点要求，如网络安全审查、风险评估等，草案则在具体条款中进行了明确。

三是划定了保护责任。草案规定了关键信息基础设施运营者的安全保护义务，解决了其保护责任模糊不明的问题。他们有必要从国家安全角度承担防护责任，但这个责任毕竟是有界限的。运营者希望知道自己做到什么程度就无责了，也关心自身的权利如何保障。对很多重点行业的信息技术或网络安全部门来说，这不仅仅是免责的需要，也是推动工作的需要，因为这些内设机构如果没有强制性依据，很难得到本单位内部其他业务部门的配合。此外，以前我国重点行业的网络安全监管责任也很不明确。似乎谁都可以进入机房检查，但谁都不用负责，重点行业往往无所适从、疲于应付。为此，草案明确了行业主管部门的监督指导职责，这是一个重要进步。考虑到关键信息基础设施保护的确涉及多个部门，草案授权国家网信部门统筹协调有关部门，建立协作机制。特别是在网络安全检查工作中，要杜绝某个部门前脚走，另一部门后脚来的现象。

四、兼具综合法与专门法的特点

网络安全包含的内容太多，当前需要立法规范的事项也很多，于是就有了综合法与专门法的争议。一个基本事实是，目前世界上鲜见网络安全的综合法，有名的如美国《计算机安全法》实际上针对的是美国联邦政府信息系统安全保护，近几年美国国会讨论的《网络安全法》或《网络安全增强法》则主要解决关键基础设施的安全保护问题。

作为第一部网络安全法（《电子签名法》不应该计算在内），草案首先要体现综合性，其侧重点应该在以下四个方面。

一是要明确部门、企业、社会组织和个人的权利、义务和责任。

二是规定国家网络安全工作的基本原则和理念。

三是将成熟的政策规定和措施上升为法律，为政府部门的工作提供法律依据，体现依法治国要求。这首先是政府部门的工作需要（如对境外违法信息予以阻断，实施网络通信管制等）；其次，这些规定和措施往往经过了实践检验，部门间争议较小，有利于提高立法效率。

四是建立国家网络安全的一系列基本制度，形成制度框架，这些基本制度带有全局性、基础性，是推动基础性工作、夯实基础能力所必需的。

此外，为了突出实用性，草案还应部分体现专门法的特点。

一是实施重点防护，对关键信息基础设施、网络信息内容等重点安全关注予以优先考虑。

二是防范重大威胁。例如，信息系统安全受控于人是我们面临的心腹大患，斯诺登事件使我们进一步看清风险所在，这就要对供应链安全进行规范。

三是对普遍性、长期存在的社会诉求予以响应。

总体看，草案比较好地处理了综合法与专门法的关系问题，但个别条款还是过于纠结细枝末节（如网络运营者的分项安全保护义务不必展开），或细致到了足可取代部分专门法的地步（如个人信息保护应制定专门法）。除个人信息外，草案没有突出对公民个人权益的更多保护，如对危害网络安全行为的举报并不是为了解决公民作为受害者“报案无门”的困窘，这不能不说是个小遗憾。

五、重大制度性设计还应有更全面的考虑

立法的重要目的之一是提出重大制度性设计。但凡重大制度性设计，必经过深入研究论证，具备充分可行性并取得高度共识后方可写入法律条文。全国人大的起草说明中指出，草案的起草坚持问题导向，对一些确有必要，但尚缺乏实践经验的制度安排做出原则性规定。这一处理十分务实、有益，但对于什么是“原则性规定”则要仔细琢磨。一般而言，侧重于“目标”或“效果”的描述可视为“原则性规定”，但侧重于“手段”的描述很可能会限定具体实施方式，超出了“原则性规定”。例如“实名制”要求，其目的是为了使行为主体可追溯，但这一定需要信息服务提供者去验证用户的真实身份吗？这条规定似可更原则性一些。

立法不是协调部门间分歧的手段。反之，部门间协调一致反而是立法的前提条件。对于在部门间长期争议的事项，在写入法条时需要十分谨慎。例如，我国曾试图建立统一的信息安全产品认证认可体系，以解决重复检测、重复收费问题，其结果是没有减少任何一张证书，反而是新成立的统一认证机构又多发了一张证书。草案提出“安全认证和安全检测结果互认”，这反映了产业界的长期诉求，但短时间内很难实现，且有可能引发新的 WTO 贸易问题。

六、“网络安全”的定义还可以更为贴切

“网络”和“网络安全”是“网络安全法”的题眼。但草案给出的这两个定义却使整篇草案黯然失色，效果有云泥之别。近年的工作中，我们用过“信息安全”，也用过“网络安全”，学界各抒己见，一些部门也喜欢朝向有利于自身

职能的角度去解释，这些自不待言。但中央网络安全和信息化领导小组成立后，已经基本将其统一为“网络安全”。当然，国安委还是使用“信息安全”，《国家安全法》使用的是“网络与信息安全”，但这些已不会造成工作上的障碍。

只是这个“网络安全”实是“Cyber Security”之译，非“Network Security”。这里面的“网络”其实指的是“网络空间”（Cyberspace）。因此，当草案试图从“网络空间”的内涵上去解释“网络”时，便挑战了大众的科技常识底线，且出现了“网络是指网络和系统”的尴尬。当然，如果就这么用下去，倒也自成一脉，但草案转眼就去使用狭义的“网络”了，如“建设、运营、维护和使用网络”“网络基础设施”“网络数据”“网络接入”等，这里都是指“network”。由此，草案中频繁出现自己与自己打架的情况。

而草案中的“网络安全”定义也需修改。现有定义不但丢掉了信息内容安全，更是与“网络空间主权”没有关联。

解决这个问题的途径是，网络就是网络，不要让网络去包括信息系统。即自始至终使用传统意义上的“Network”概念。对关键信息基础设施，既要包含基础信息网络，也要包含重要信息系统，而不是以“网络”统称。对于“网络安全”，则按“网络空间安全”去解释即可。

七、对《网络安全法》的讨论应更加科学务实

草案公布后引起了全社会的强烈关注，掀起了网络安全立法讨论的热潮。这对推动《网络安全法》尽快出台，提升全社会网络安全意识无疑是十分重要的。随着《网络安全法》在后续阶段进入人大二读、三读阶段，社会上还会有更多、更专业的讨论。为了更充分地发挥专业讨论的建设性作用，同时也是为了使公众更好地理解《网络安全法》，建议有关讨论应更加科学务实。

一是不要把“网络安全”等同于“互联网安全”。互联网是个新生事物，其管理问题很有挑战性，涉及面也很广，互联网立法研究因此一度占据我国信息化立法的舞台，这方面涌现出了一大批专家。目前很多专家把《网络安全法》放到互联网法律体系中去讨论，这显然是片面的。《网络安全法》是解决网络空间的安全问题，既针对互联网，还针对其他网络、各类信息系统；既涉及网上信息内容的管理问题，也涉及网络与信息系统的安全可靠运行问题。事实上，互联网安全管理并不是《网络安全法》的重点，这方面的行政法规、政策已经很多，《网络安全法》要补充行政法规疏漏的内容，为我们的很多互联网管理措施（例如对境外违法信息的封堵）提供法律依据。除此之外，《网络安全法》更多地则关注了网络空间安全基础性工作和信息系统的安全防护。

二是要把对《网络安全法》的建议与对我国网络安全立法体系的建议区分开，不要期望一个法解决所有问题。很多专业讨论都认为草案内容有缺失。例如，一些专家认为草案太多体现了“管”，行政色彩太浓；还有些专家认为草案距离美国的立法理念太远，没有阐明军队的角色。这些建议，更多的是对我国网络安全立法工作的期望，但这些期望很难在第一部法中完全体现。毕竟，工作有缓急之分，《网络安全法》应该解决最紧迫的问题、最可能解决的问题。

三是要把法同战略、政策区分开。法与战略、重大政策同属顶层设计，但作用却完全不同。最近的网络安全法讨论中，一些研究者喜欢以美国为对标，但剖析的对象很多不是美国的法律文本，而是战略甚至技术规范，于是乎入手失之毫厘，结论谬以千里。但是对于美国国会的网络安全立法工作，国内却少有深入研究。例如，美国这 10 年间究竟出台了什么网络安全法？其网络安全法历次闯关失败的真实原因是什么？立法研究与战略研究是不同的领域，两者密切关联，但不可混为一谈。

四是充分尊重起草者的意图。网络安全是崭新的研究领域，自然成了各种理论、理念诞生的温床。但网络安全也是一门实践性很强的科学，不能总是搞成哲学甚至玄学。网络安全立法是为了解决问题，不是为了制造新理论。当条条大路通罗马时，如果起草者的道路没有问题，评论者就应当充分尊重起草者的意愿，而不是一定要提出一条新的道路，否则无益于《网络安全法》的修改。例如，《网络安全法》的立法目的涵盖了国家安全、公众利益、公民和组织权益三个方面，考虑了新引入的网络空间主权概念，强调了安全的最终目的是促进发展，这个立法目的应该是全面和清晰的。但很多评论者还提出了很多新的表述方法，这仅是角度不同而已。

扩展阅读：

中华人民共和国网络安全法

（草案一次审议稿）

中华人民共和国网络安全法

（草案二次审议稿）

中华人民共和国网络安全法

（草案三次审议稿）

中华人民共和国网络安全法

（2016 年 11 月 7 日通过）

2016年12月，国务院印发了《“十三五”国家信息化规划》，对“十三五”时期信息化工作进行了全面布局。本文发表于2016年12月，对该规划中的网络安全工作布局进行了解读[22]。

——《“十三五”国家信息化规划》发布

[22] 原文发表于人民网，2016年12月28日，原标题《〈“十三五”国家信息化规划〉网络安全工作细梳理》，题目和内容有修改。

踏石留印，抓铁有痕，将“十三五”网络安全工作做实做细

2016 年 12 月，国务院常务会议审议通过了《“十三五”国家信息化规划》（以下简称《规划》），这是对《国家信息化发展战略纲要》的细化落实。网络安全和信息化是一体之两翼、驱动之双轮，《规划》将“健全网络安全保障体系”作为一项重要任务。以下对这项任务下的具体工作进行了梳理。

一、关于强化网络安全顶层设计

（一）制定实施国家网络空间安全战略

战略是个根本问题，《网络安全法》第四条要求，国家制定并不断完善网络安全战略，明确保障网络安全的基本要求和主要目标。近日，《国家网络空间安全战略》即将正式发布，其作用主要有三个方面：举旗、划线、指路。举旗就是宣示我国在网络空间的重大立场和主张；划线就是指出我国在网络空间的重大利益和底线；指路就是明确今后的工作方向、重点并做出战略部署。

（二）完善网络安全法律法规体系，制定出台网络安全法、密码法、个人信息保护法、未成年人网络保护条例

《网络安全法》已于 11 月 7 日在全国人大常委会通过，这是我国网络安全

的“基本法”，是网络安全法律法规体系的核心。《密码法》已经完成草稿，即将征求意见，重点是适应密码应用社会化的大趋势，调整有关管理体制机制，促进密码技术广泛应用。个人信息保护法的起草过程一波三折，在当前个人信息安全已经成为一个严重的社会问题的情况下，其立法进程料将加速，目前的工作基础主要是《网络安全法》第四章“网络信息安全”做出的有关规定。未成年人网络保护条例定位于国务院行政法规，早在2014年便列入国务院立法工作计划，目前已经完成草案，国家互联网信息办公室已于2016年9月向社会公开征求意见。

（三）健全完善国家网络与信息安全信息通报预警体系

目前我国网络安全预警和通报体系建设比较混乱，很多部门都在发布预警和通报，公众无所适从。国家网络与信息安全信息通过中心在2004年成立，当时的国家网络与信息安全协调小组办公室将该中心委托公安部管理，但这个中心的定位不是一个部门的机构。《网络安全法》对通报预警体系的后续建设工作提出了明确要求：国家建立网络安全监测预警和信息通报制度。国家网信部门应当统筹协调有关部门加强网络安全信息收集、分析和通报工作，按照规定统一发布网络安全监测预警信息。“十三五”时期的信息通报和预警工作将按照这一思路开展。

（四）健全网络安全标准体系

标准在网络安全工作中起着基础性、规范性、引领性的作用，也是话语权的重要依托。中央网信办、国家质检总局、国家标准委已于2016年8月印发了《关于加强国家网络安全标准化工作的若干意见》，对构建统一权威、科学高效的网络安全标准体系和标准化工作机制做出了部署，“十三五”时期重在落实。

（五）加强网络空间安全学科专业建设，创建一流网络安全学院

网络空间的竞争，归根结底是人才竞争。中央网信办、发改委、教育部等 6 部委已于 2016 年 6 月印发了《关于加强网络安全学科建设和人才培养的意见》，从加快网络安全学科专业和院系建设，创新网络安全人才培养机制，加强网络安全教材建设，强化网络安全师资队伍建设，推动高校与行业企业合作育人和协同创新，加强在职培训，加强全民网络安全意识和技能培养，完善人才培养配套措施等方面提出了要求。创建一流网络安全学院是习近平总书记的明确指示[23]，“下大工夫、大本钱”体现了中央的决心。目前，已有多个高等院校成立了网络安全学院，并已开始招生，相信在中央支持下，“十三五”时期最终能涌现出一所世界一流网络安全学院。

二、关于构建关键信息基础设施安全保障体系

（一）实施网络安全审查制度

2014 年 5 月，我国宣布将建立网络安全审查制度。目前，有几类重要技术产品和服务正在进行审查，首批云服务安全审查结果已经公布。《网络安全法》已经明确了这项制度的范围、对象、重点和实施部门：关键信息基础设施的运营者采购网络产品和服务，可能影响国家安全的，应当通过国家网信部门会同国务院有关部门组织的国家安全审查。“十三五”时期，主要工作是完善制度、加快推进制度实施。

[23] 习近平在网络安全和信息化工作座谈会上的讲话，新华社，北京，2016 年 4 月 25 日电。“培养网信人才，要下大功夫、下大本钱，请优秀的老师，编优秀的教材，招优秀的学生，建一流的网络空间安全学院。”

（二）建立国家关键信息基础设施目录，制定关于国家关键信息基础设施保护的指导性文件

关键信息基础设施是我国网络安全保护的重点，但《网络安全法》没有明确其范围，“十三五”期间要抓紧制定关键信息基础设施的具体范围和安全保护办法。这个办法将由国务院制定，很可能作为国务院行政法规发布，其层级会很高。在《网络安全法》的原则规定下，这个保护办法将确立我国关键信息基础设施保护的一系列具体制度，并提出强制性要求。建立国家关键信息基础设施目录是一项基础性工作，中央网信办已于2016年在全国范围内开展关键信息基础设施网络安全大检查，目的之一就是摸清底数，为建立这一目录奠定基础。但这个目录高度敏感，各国惯例都是不公开的。

（三）加强关键信息基础设施核心技术装备威胁感知和持续防御能力建设，增强网络安全防御能力和威慑能力

《规划》这一要求集中体现了我国保护关键信息基础设施思路的转变：要求从被动防护转向积极防御，重点是感知威胁和威慑反制。威慑能力是继《国家信息化发展战略纲要》后再次提出，其核心是要建立以慑止战的能力，切实维护国家网络空间主权、安全、发展利益。

（四）加强重要领域密码应用

密码是保护网络安全的核心技术，“十三五”时期要落实中办、国办于2015年3月印发的《关于加强重要领域密码应用的指导意见》，核心是推动国产自主密码算法及相关产品的在重要领域的积极应用，重点是推进基础信息网络密码应用，规范重要信息系统密码应用，促进重要工业控制系统密码应用，加强面向社会服务的政务信息系统密码应用，提升密码基础支撑能力，建立健全密码应用安全性评估审查制度。

三、关于全天候全方位感知网络安全态势

（一）建立统一高效的网络安全风险报告机制、情报共享机制、研判处置机制

这实际上是针对当前我国网络安全应急处置中多头管理、各自为战等局面提出的要求。关于这项工作的基本思路，《网络安全法》中已经明确：国家网信部门协调有关部门建立健全网络安全风险评估和应急工作机制，制定网络安全事件应急预案，并定期组织演练。

（二）建立政府和企业网络安全信息共享机制，加强网络安全大数据挖掘分析

态势感知的基础是数据，目前有大量的与网络安全有关的数据掌握在企业手中，特别是很多大型互联网企业拥有庞大的用户群和装机量，其掌握的网络安全信息往往更加全面、准确和实时。习近平总书记在 2016 年 4 月 19 日的网络安全和信息化工作座谈会上强调："把企业掌握的大量网络安全信息用起来"[24]。这要解决两个问题，一是如何保护各方权益，特别是对企业的补偿机制；二是突破多源异构信息汇聚、追踪溯源等技术难题。目前很多企业的演示屏做得很漂亮，但可供汇聚后使用的有意义信息太少，有时候连什么算攻击都搞不清楚。

（三）完善网络安全检查、风险评估等制度

我国的网络安全风险评估制度始于 2006 年，以当时国家网络与信息安全协调小组发文为标志。在此后的若干次重大活动期间，国家对包括重点行业在内

[24] 习近平在网络安全和信息化工作座谈会上的讲话，新华社，北京，2016 年 4 月 25 日电。"要建立政府和企业网络安全信息共享机制，把企业掌握的大量网络安全信息用起来，龙头企业要带头参加这个机制。"

的系统开展了多次网络安全检查活动，但当时并没有形成网络安全检查制度。2008 年以后，逐步在政府部门建立起了网络安全年度检查制度，检查结果上报国务院。2016 启动的关键信息基础设施网络安全大检查，依据的还是领导批示。《网络安全法》则正式建立了整个关键信息基础设施领域的网络安全检查制度。首先，各运营单位每年至少进行一次检测评估，结果应上报；其次，国家网信部门统筹协调有关部门对关键信息基础设施的安全风险进行抽查检测。这里"统筹协调"含义在于，由于很多政府部门都有网络安全监管职责，往往在不同时段进驻企业，检查内容有很多相似内容，企业疲于应付，今后这种局面会改变，尽可能采用联合检查的形式。

（四）加快实施党政机关互联网安全接入工程

美国在2008年发布国家安全总统令，宣布了爱因斯坦2和爱因斯坦3计划。这个计划的首要一步，是将政府部门各自接入互联网改为集中统一接入互联网，并在接入口加装态势感知等设备。这是一种有效的积极措施，我国后来也实施了党政机关互联网安全接入工程，"十三五"时期的主要要求是"加快"，重点是将实施范围向地方扩展。

（五）加强网站安全管理

网站安全特别是政府网站安全向来十分重要，但至今仍问题频发。2014 年，中央网信办印发了《关于加强党政机关网站安全管理的通知》，应该说在政策层面已经做出了完善的布置。但这个文件抓落实不够，文件的作用没有得到充分发挥。国标委为此发布了国家标准 GB/T 31506—2015《信息安全技术 政府门户网站系统安全技术指南》，中央网信办也于 2016 年启动了试点工作，相信这项工作很快会进入抓实的阶段。

（六）加强涉密网络保密防护监管

严格讲，应该是"涉密信息系统"，而不是"涉密网络"。这是针对网络空间当前严峻敌情提出的重要要求，是我国保密行政管理部门的一项核心工作。

四、关于强化网络安全科技创新能力

（一）实施国家信息安全专项

国家信息安全专项由发改委负责，近几年已由重点支持技术产品转向重点支持关键信息基础设施的安全保障，以关键信息基础设施的安全需求牵引急需安全技术的研发和产业化。“十三五”将继续实施国家信息安全专项，重点还是关键信息基础设施保护，包括基础信息网络、重点行业信息系统、涉密信息系统等。

（二）实施国家网络空间安全重大科技项目

网络安全科技由科技部负责。国家科技管理体制改革后，863 计划、973 计划等已取消、整合，科技计划新分为五种类型，其中与网络安全科技计划相关的主要是第二类“科技重大专项”和第三类“重点研发计划”。在第二类中，“网络空间安全重大专项”正在立项论证过程之中，“网络空间安全重点研发计划”已经发布，“十三五”时期将分 3 期实施，目前 2016 年、2017 年期项目已经部署完毕，第三期项目将在 2018 年部署。

（三）加快推进安全可靠信息技术产品研发创新、应用和推广

习近平总书记指出，核心技术是我们最大的“命门”，核心技术受制于人是我们最大的隐患。总书记将核心技术分为三类：一是基础技术、通用技术。二是非对称技术、“杀手锏”技术。三是前沿技术、颠覆性技术[25]。这里的“安

[25] 习近平在网络安全和信息化工作座谈会上的讲话，新华社，北京，2016 年 4 月 25 日电。

全可靠信息技术”主要指第一类，包括CPU、操作系统等。这类技术位于整个产业链的前端，对产业有重大影响，也正是我们受制于人之处。这个方向上的攻关没有任何退路，必须树立决心、恒心、重心，立足我国国情，面向世界科技前沿，面向国家重大需求，面向国民经济主战场，咬定青山不放松。

（四）形成信息技术产品自主发展的生态链

当前全球信息技术的竞争，早已从单品竞争发展到了生态系统的竞争。仅满足于单品突破已经没有意义，如果生态系统不支持，这个单品完全不可能在别人的平台上跑起来。因此，国际巨头对生态系统的垄断，是我们目前面临的最大挑战。习近平总书记指出，美国有个所谓的“文泰来”（wintel）联盟，微软的视窗操作系统只配对英特尔的芯片，我们也必须推动强强联合、协同攻关[26]。目前，我国在这方面已经实现了重大突破，工信部授牌、央企中国电子信息产业集团运营的安全可靠软硬件联合攻关基地已经完成了从CPU到办公套件等国内主流自主基础软硬件的适配，实现了国产自主产品从“基本不可用”到“基本可用”的历史性转折，目前在党政办公领域已经实现“好用”。

（五）推进党政机关电子公文系统安全可靠应用

在维护网络安全过程中，我国始终坚持正确处理安全与发展、自主与开放的关系。我国的网络安全政策，是基于开放环境维护国家网络安全。这意味着，我们既不排斥国外先进技术，也要坚持自主创新。但发展核心技术，必须要使用。习近平总书记指出，核心技术研发的最终结果，不应只是技术报告、科研

---

[26] 习近平在网络安全和信息化工作座谈会上的讲话，新华社，北京，2016年4月25日电。“我们同国际先进水平在核心技术上差距悬殊，一个很突出的原因，是我们的骨干企业没有像微软、英特尔、谷歌、苹果那样形成协同效应。美国有个所谓的“文泰来”联盟，微软的视窗操作系统只配对英特尔的芯片。在核心技术研发上，强强联合比单打独斗效果要好，要在这方面拿出些办法来，彻底摆脱部门利益和门户之见的束缚。”

论文、实验室样品，而应是市场产品、技术实力、产业实力。总书记强调，经过一定范围论证，该用的就要用[27]。党政机关电子公文系统安全可靠应用就是我国推进核心技术应用的重大工程，此项工作会在“十三五”时期全面推开，这将创造巨大的市场需求，我国自主核心技术发展将进入“黄金时期”。

（六）建立有利于网络安全产业良性发展的市场环境

我国整个网络安全市场规模比不上国外一家网络安全企业的年收入，产业发展环境差是不可回避的原因。重复检测收费、低于成本价中标等问题俯拾皆是，2016 年在政府采购领域至少发生过数起知名 IT 企业 0 元中标的恶劣事件，相关企业并未受到惩罚。《网络安全法》提出了减少重复检测的要求，实施效果有待观察。产业界十分期待政府拿出“实招”，“十三五”时期这方面的工作还很重。

❀扩展阅读：

“十三五”国家信息化规划

“十三五”时期是全面建成小康社会的决胜阶段，是信息通信技术变革实现新突破的发轫阶段，是数字红利充分释放的扩展阶段。信息化代表新的生产力和新的发展方向，已经成为引领创新和驱动转型的先导力量。围绕贯彻落实“五位一体”总体布局和“四个全面”战略布局，加快信息化发展，直面“后金融危机”时代全球产业链重组，深度参与全球经济治理体系变革；

---

[27] 习近平在网络安全和信息化工作座谈会上的讲话，新华社，北京，2016 年 4 月 25 日电。“科研和经济不能搞成“两张皮”，要着力推进核心技术成果转化和产业化。经过一定范围论证，该用的就要用。我们自己推出的新技术新产品，在应用中出现一些问题是自然的。可以在用的过程中继续改进，不断提高质量。如果大家都不用，就是报一个课题完成报告，然后束之高阁，那永远发展不起来。”

加快信息化发展，适应把握引领经济发展新常态，着力深化供给侧结构性改革，重塑持续转型升级的产业生态；加快信息化发展，构建统一开放的数字市场体系，满足人民生活新需求；加快信息化发展，增强国家文化软实力和国际竞争力，推动社会和谐稳定与文明进步；加快信息化发展，统筹网上网下两个空间，拓展国家治理新领域，让互联网更好造福国家和人民，已成为我国“十三五”时期践行新发展理念，破解发展难题，增强发展动力、厚植发展优势的战略举措和必然选择。

本规划旨在贯彻落实“十三五”规划纲要和《国家信息化发展战略纲要》，是“十三五”国家规划体系的重要组成部分，是指导“十三五”期间各地区、各部门信息化工作的行动指南。

（以下略，全文阅读请扫二维码）

国际博弈篇

- 维护网络安全是国际社会的共同责任
- G20“数字经济倡议”与网络安全
- 什么逻辑给了美国人“贼喊捉贼”的勇气
- 美国司法部起诉中国军人事件评述
- 网络空间国际规则：不可欺以方圆
- 西方对《网络安全法》的误读和攻击可以休矣

2015 年 12 月，第二届世界互联网大会在浙江乌镇召开，习近平总书记出席会议并发表了重要讲话，提出了关于全球互联网治理体系变革的四项原则和共同构建网络空间命运共同体的五点主张，向全世界系统、全面地阐述了中国关于网络空间发展和安全的立场、主张。本文发表于 2015 年 12 月，对习近平总书记提出的“网络空间命运共同体”进行了解读[1]。

——习总书记在世界互联网大会提出“网络空间命运共同体”

[1] 原文发表于《环球时报》，2015 年 12 月 17 日，原标题《共建共享网络空间命运共同体》，标题和内容有修改。

维护网络安全是国际社会的共同责任

习近平总书记在第二届世界互联网大会上的重要讲话，全面阐述了中国关于网络空间发展和安全的基本立场，提出了对网络空间人类未来发展的前瞻性思考，向世界广泛传递了合作共赢的强烈信号。习总书记在讲话中，深刻指出了网络空间命运共同体的内涵及共同构建网络空间命运共同体的路径，这是中国以未来眼光、博大胸怀和历史担当对人类社会命运共同体的新阐释，承载着中国对建设和平、安全、开放、合作的网络空间的热切期盼和不懈追求。

近年来，网络空间冲突不断、矛盾增多，网络军备竞赛愈演愈烈，网络武器俨然已成为与核武器具有同等破坏力的“大杀器”，人类文明的前进列车驶到新的十字路口，网络空间命运共同体的提出正逢其时，不但顺应了历史潮流，而且反映了全世界爱好和平的人们的共同心愿。

所谓共同体，既要利益共享，更要责任共担。习总书记在讲话中做出重要论断：维护网络安全是国际社会的共同责任。

（一）“共同责任”来自维护世界和平的必然要求

天时不如地利，地利不如人和，一个和平稳定的国际环境是所有国家发展的前提条件。信息技术的广泛应用，极大地促进了经济社会的繁荣进步，同时也带来了新的风险和挑战，网络安全问题已成为影响全球安全与稳定的重要因素。特别是，一些国家、地区或组织将信息技术用于与维护国际安全相悖的犯罪、恐怖主义、军事、政治目的，为其他国家和地区乃至全世界带来严重的政治、社会、经济威胁，并引发各国社会不稳定，这无异于大规模杀伤性武器所造成的世界性灾难。网络空间事关全人类共同利益，若不及时遏制滥用信息技术的势头，人类将进入万劫不复之地。

（二）"共同责任"来自抵御共同威胁的内在需要

互联互通为人们的生产生活带来了前所未有的便利，也使网络安全威胁具备了跨地域、实时、隐蔽、快速蔓延等特点，成为全球性挑战。独脚难行，孤掌难鸣，没有谁可以置身事外，也没有谁能够以一力挡之。一个病毒可能迅速波及全球网络，一次攻击可以连续跳转多个国家，非各国通力携手不能应对。在与攻击者"道高一尺、魔高一丈"的斗法中，国与国之间的技术交流、信息共享、司法协助、协同处置等将成为常态，网络空间新型国际关系正在形成。但是，没有责任，就难有行动；而只有共担责任，方可合作共赢。

（三）"共同责任"来自遏制网络霸权的现实呼吁

比"不担当责任"更不可接受的，是某些国家将自身利益凌驾于国际道义之上，将"本国安全而他国不安全"作为保持竞争优势的重要手段，严重削弱了国家间互信，加剧了网络空间紧张局势。特别是，少数国家利用掌握的互联网基础资源和信息技术优势，大规模实施网络监控和间谍情报行动，窃取他国重要敏感信息，远程控制他国关键信息基础设施，严重危及他国安全。这是对国际道义的公然背弃，是赤裸裸的霸权行径。呼吁"共同责任"，就是要构建公平正义的国际环境，规范国家行为体行为，使所有国家切实担负起应尽的责任。

（四）实现"共同责任"，就需要求同存异

要坚持相互尊重、平等相待、包容互信，尊重彼此在网络空间的安全利益

和重大关切。国际社会要相向而行，积极对接各自发展方向和国家战略，深刻把握各方不断增长的共同利益，为良好网络空间关系的长远发展奠定坚实基础。

（五）实现“共同责任”，就需要公平民主

要努力弥合数字鸿沟，提升发展中国家利用信息技术和维护网络安全的能力，保障发展中国家在网络空间国际事务中的话语权。在网络空间，不分性别、种族、信仰，人人应能平等利用网络获取信息；不分大小、强弱、贫富，世界各国应能分享发展机遇、公平参与互联网治理。

（六）实现“共同责任”，就需要规则保障

“责任”要以规则为约束，由规则来衡量。“规矩诚设，不可欺以方圆”，规则更不可作为儿戏。各国要遵循国际关系基本准则，尊重网络主权，尽早形成各方普遍接受的网络空间国际规则，制定网络空间国际反恐公约，健全打击网络犯罪司法协助机制。规则应有效发挥作用，要在联合国主导下，其他国际组织发挥辅助作用，抓紧建立协调和处理网络空间国际冲突的机制。

（七）实现“共同责任”，就需要中国更有担当

当前，中国已成为国际关系演变中不可或缺的重要推动者，在全球政治、经济、安全等各个方面都推出了一系列具有广泛和深远影响的中国倡议，中国理应更有效地发挥国际影响力。特别是，中国已拥有全球最大的互联网市场，互联网管理的“中国经验”已经有了太多的成功例证，中国需要发出更强的声音，承担更大的责任。为了维护网络空间主权和自身发展利益，为了国际和平与稳定，中国一定要担当，中国一定可以担当！

❀扩展阅读：

习总书记在第二届世界互联网大会开幕式上的致辞

（2015 年 12 月 16 日，乌镇）

中华人民共和国主席 习近平

（全文阅读请扫二维码）

2016年9月，G20峰会在中国杭州召开。峰会通过了成果文件《二十国集团数字经济发展与合作倡议》。这是世界上首份关于数字经济的国际文件，具有重要意义。本文发表于2016年9月，对文件中涉及网络安全的问题进行了解读[2]。

——G20杭州峰会通过《二十国集团数字经济发展与合作倡议》

[2] 原文发表于《文汇报》，2016年8月30日，原标题《为全球数字经济发展贡献中国策》，标题和内容有修改。

G20“数字经济倡议”与网络安全

2016年9月，举世瞩目的G20杭州峰会胜利闭幕。峰会公报指出，二十国集团领导人决心通过创新增长提升中长期增长潜力。创新增长理念涵盖支持创新、新工业革命和数字经济的行动。为此，杭州峰会通过了《二十国集团数字经济发展与合作倡议》。这是“数字经济”重要文件首次亮相国际治理舞台，将为世界经济注入强劲动力。数字经济的发展离不开网络安全保障，G20成员围绕网络安全进行了多轮磋商，经艰苦努力形成了目前的成果文件。

一、“数字经济”议题缘何进入G20峰会

近年来，全球经济发展增速放缓，复苏之路崎岖艰辛。特别是进入2016年，全球经济不确定性进一步加深。从大宗商品价格下跌到欧盟债务危机，加上难民危机和恐怖威胁加剧，都有可能拖累全球经济的增长。经济发展进入深度调整期之际，正是创新大行其道之时，新技术、新业态孕育着重大突破。为此，G20杭州峰会将“创新增长方式”作为核心议题，旨在提升创新对全球经济增长的贡献，增强全球经济中长期发展潜力。G20议程首次设立了创新、新工业革命、数字经济议题，峰会核心成果文件《二十国集团创新增长蓝图》包含了创新、新工业革命、数字经济和结构性改革等重要内容。

这其中，“数字经济”议题占有很重的分量。其内涵是，数字化的信息和知识成为生产要素，现代信息网络成为经济活动的重要空间，信息技术成为优化

经济结构和促进经济增长的重要驱动力。自农业革命、工业革命后，人类社会正在经历信息革命，由此带来了生产力质的飞跃，引发了生产关系重大变革。发展数字经济就是要大力推进以互联网为代表的信息技术创新，最大化地释放信息技术应用的巨大潜能。

信息流带动技术流、资金流、人才流、物资流，促进资源配置优化，推动互联网和实体经济融合发展，由此带来经济结构的调整和经济增长动力的转换。数字经济正在成为全球经济增长新动力的源泉，成为全球经济焕发新活力的关键所在，这正是“数字经济”议题进入 G20 峰会的深刻背景。

二、中方做出哪些重要贡献

众所周知，中国经济进入新常态，其三大特点是速度变化、结构优化、动力转换。而动力转换是新常态的本质特征。习近平总书记指出，新常态要有新动力，互联网在这方面可以大有作为[3]。总书记在中央网络安全和信息化领导小组第一次会议上提出的“网络强国”战略，其重要指标之一便是“信息（数字）经济全面发展”。

基于对“数字经济”的深刻认识和成功实践，中国作为 2016 年 G20 峰会的主席国，提出将数字经济列为峰会重要议题，得到了各方赞誉和支持。在中方推动下，G20 成立了数字经济专题工作组，中央网信办主持起草了《二十国集团数字经济发展与合作倡议》，历经十余稿终于尘埃落定，成果来之不易。

《二十国集团数字经济发展与合作倡议》首先阐述了数字经济的概念、当前发展数字经济的意义和重要性；其次提出了发展数字经济的几大原则；第三部

[3] 习近平在网络安全和信息化工作座谈会上的讲话，新华社，北京，2016 年 4 月 25 日电。

分关注的是增进数字经济交流与合作，发挥数字经济更大的潜力，推动数字经济创新发展；第四部分希望在政策支持下，创造有利于数字经济发展的环境；最后一部分是对未来的展望。

中国当然有着G20峰会主场之利，但中国互联网发展成就，特别是电子商务的蓬勃兴起，才是中国在数字经济议题上掌握话语权的根本原因。《二十国集团数字经济发展与合作倡议》很多内容由中方主导确定，包括数字经济的定义，发展数字经济的创新、伙伴、协同、包容等原则，促进ICT领域投资，促进创业创新和数字转型，促进电子商务合作发展，促进中小微企业发展等。

三、二十国如何求同存异

《二十国集团数字经济发展与合作倡议》横跨了经济与互联网两大领域。经济是传统治理领域，各方共识较多，分歧仅出现在个别问题上。例如，数字经济对GDP的贡献率如何计算，跨境电商带来的税基侵蚀如何处理，这些问题的出现很正常，毕竟数字经济理论本身还在不断完善和发展之中。

但互联网作为全新治理领域，治理规则相对薄弱，各方对网络安全诉求不一，分歧历来较多，这些分歧自然也反映到了《二十国集团数字经济发展与合作倡议》中。可以说，这个倡议每一版本的形成，都是各方针对网络空间国际规则特别是安全规则博弈的结果。

具体而言，通过《二十国集团数字经济发展与合作倡议》的磋商过程，各方的分歧主要体现在以下方面。

一是关于互联网国际治理问题。西方某些国家强调“多利益攸关方”模式，其实质是要削弱甚至否定主权国家政府对互联网治理的主导权，进而试图使发展中国家的主权让位于发达国家的商业利益。中方专家认为，多利益攸关方模式确有必要，但各利益攸关方必须按其各自的角色行事，不可越俎代庖，且多边、民主、透明原则同样不可或缺。

二是跨境信息流动问题。西方某些国家认为信息应该无条件地自由流动，反对向信息跨境流动提出监管要求。中方专家认为，自由流动对经济发展十分重要，但自由流动的前提是安全，必须确保个人隐私等重要权利得到保护。

三是服务器、计算中心等设施的本地化问题。西方某些国家认为应该禁止设施本地化，反对中、俄等提出的对含有重要信息的服务器必须设在境内等要求。中方专家认为，任何限制设施本地化的国际文件必须同时考虑各国维护网络主权的诉求，必须确保主权国家的司法管辖权。

四是源代码的访问问题。西方某些国家反对政府获取源代码，其诉求有一定的合理性，但却有意隐瞒了国际标准《IT 安全评估准则》中对高等级 IT 产品的源代码进行安全评估的事实。对此，中方专家指出，关于源代码的访问，应符合国际惯例，保护知识产权，但不可实施双重标准，不能否认涉及源代码的网络安全评估需求。

中方作为主席国，表现了极大的包容，以构建网络空间命运共同体为出发点，既坚持原则、维护主权，也努力增进共识、弥合分歧。中方强调，G20 成员应致力于减少或防止各国监管要求中存在的不一致性，但也要尊重彼此对发展道路的独立选择权，允许各国自主选择与其发展阶段、历史和文化传统、国家法律体系、国家发展战略相一致的道路。这已作为一项基本原则列入峰会文件，得到了各方的共同拥护。在这一原则之下，中方积极开展了数轮双边和多边磋商，以最大的诚意斡旋各方，促使各方搁置分歧、寻求共同利益，促成了《二十国集团数字经济发展与合作倡议》最终被各国元首接受，成为一份彰显正义、促进发展、维护和平的国际文件。

❀扩展阅读：

二十国集团数字经济发展与合作倡议

（全文阅读请扫二维码）

2014 年 5 月 19 日，美国司法部以窃取美国商业秘密为由，对中国 5 名军人提起诉讼，悍然破坏中国主权，开了一个十分恶劣的先例。《什么逻辑给了美国人“贼喊捉贼”的勇气》和《美国司法部起诉中国军人事件评述》发表于 2014 年 5 月，是对“5·19”事件的公开回应[4]。

——美国司法部起诉中国 5 名军人

[4] 《什么逻辑给了美国人“贼喊捉贼”的勇气》原文发表于中国新闻网，2014 年 5 月 20 日。《美国司法部起诉中国军人事件评述》原文发表于《中国信息安全》，2014 年 6 月，原标题《由美国起诉中国军人事件引发的思考》，题目和内容有修改。

什么逻辑给了美国人“贼喊捉贼”的勇气

2014 年 5 月 19 日，美国司法部起诉 5 名中国军官对美国企业实施网络窃密，再次上演了“贼喊捉贼”的闹剧。掌握全球互联网基础资源和核心技术，拥有强大网络优势的美国，高调宣布组建网络战部队，掀起网络军备全球竞赛，制造“震网”病毒，打响攻击民用关键基础设施第一枪，将网络监控触角遍及全球、长期入侵华为等中国企业的美国，反而将自己伪装成了网络攻击的受害国，利用本国法律起诉万里之外另一主权国家的武装力量人员，真是滑天下之大稽。此中荒谬自不待言，联想到美国一贯以来秉持的霸权主义，似乎也没什么新鲜的。

但是，世界潮流，浩浩荡荡，将“贼喊捉贼”公然搬到世界台前，绝不是因为“无知者无畏”，凭借的也不仅仅是强盗逻辑。作者有幸受邀参加了近年来历次中美网络安全二轨对话，也与美国国务院、国防部官员及美国企业界代表多有接触，就网络攻击等问题与美国人多次交流，恰好见识了美国人在这个问题上的基本逻辑。

时光回到 20 世纪末，美国人可不似现在这般“叫嚣乎东西，隳突乎南北”，完全一幅沉稳低调的做派。俄罗斯在联合国大会上提交《从国际安全的角度来看信息和电信领域的发展》后，美国一直拒绝在国际场合讨论网络安全，对国际合作表示冷淡。一直到 2006 年 10 月，联合国以 169 票对 1 票通过了俄罗斯的决议草案，唯一投反对票的国家仍是美国。前事不可忘，历史需要记住这 1 票，记住这个将网络安全“国际责任”挂在嘴边的超级大国曾经的面目。

天下熙熙，皆为利来。美国人为自身利益拒绝了国际合作。很显然，他们一开始便看到了网络空间的军事和经济价值，要将网络空间作为维持和增强其21世纪全球霸权的主要平台、手段和工具，正在准备大干一番，岂可自缚手脚，签署什么国际和平协议。网络部队也好，“棱镜计划”也罢，原本就在美国人的布局之内，但当时美国人既没有做好技术上的积累，也没有做好理论上的准备，只好选择“闷声发大财”。

天下攘攘，皆为利往。美国人后来也是为自身利益掀起了制定国际规则的热潮。当其一切准备就绪时，就要以和平为名义限制别人了，一如美国在拥有核武器后对控核的热情。如果说，这种限制是为了防止其他国家发展网络攻击能力，倒是与和平沾边。但实际上，美国人的根本目的是通过炒作他国网络威胁论，制造对他国不利的国际舆论环境，打压他国信息技术自主创新能力，阻挠他国网络管理政策，既为其保持信息优势、持续渗透入侵他国大开方便之门，为继续建设网络部队、监控他国制造口实，也是为了从根本上削弱他国在信息革命中的跨越式发展能力，实是釜底抽薪之计。

但这样做如何堵得住万众悠悠之口？为了配合美国的上述战略，智库们为其设计了一个“绝妙”的双重标准，这就是美国此次“贼喊捉贼”的勇气来源。这个理论的核心是，赋予网络空间军事、情报属性，提出网络空间是军事和情报行动的天然平台，就像各国都在从事传统的军事和情报行动一样，宣布以军事和情报目的而实施的“攻击性”网络行为是合法的；同时，在军事、情报目标之外，将其他网络攻击行为归类于民事领域，特别是大打国家利益牌，把炮制的他国网络攻击指认为工业间谍或商业窃密行为，将此类攻击宣布为不合法和不可接受的。这既达到了恣意挥舞大棒的目的，又能把自己“摘”得一干二净。

有了这个理论，美国人武装了头脑，后续行动便接踵而来。在中美对话中，美方代表向我方直陈，网络军控是个伪命题，美国人只接受类似于“核平衡”的“网络平衡”概念，因为网络空间军事化已经成为网络空间的内在发展需求。

美国人加大对全球各主要目标的攻击和监控，但在回复外界指责时，即使是面对“震网”病毒攻击伊朗核基础设施、“棱镜”计划监控他国元首等这样确凿的事件，美国人也面不改色、大言不惭，将其轻描淡写为避免地区武装冲突、反恐的正义之举。甚至斯诺登曝出的美国人入侵华为服务器事件，也被其解读为寻找对美国国家安全的威胁证据。

我国外交部新闻发言人已经宣布，鉴于美方对通过对话合作解决网络安全问题缺乏诚意，中止中美网络工作组活动。在中美网络工作组成立之初，美国人提出的重要诉求就是解决所谓的中方工业间谍问题。而笔者参加的历次中美网络安全二轨对话，美国人也主要围绕这个话题大做文章，“超越容忍底线、即将采取行动”也是两年前美国人在对话中向中方传达的信号。翻出近几年美国官方发布的评估报告，以及美国一些企业经授意炮制的所谓调查或追踪报告，无一不在沿袭着这一思维脉络。

是的，我们看到了美国人的所谓行动。国会对中兴、华为的审查是行动，曼迪昂特的“中国网络部队”报告是行动，美国国防部的“工业间谍”调查报告是行动，火眼公司的“攻击背后的国家意图”报告是行动。而今，美国人把行动升级到了司法手段。是的，我们都看到了。我想起毛主席曾在《别了，司徒雷登》一文中曾总结道：“司徒雷登走了，白皮书来了，很好，很好。”

“棱镜门”余音未了，美利坚又起波澜。悬在我们头上的不仅是一柄达摩克利斯之剑，更要千百倍地警惕国家网络安全的重大风险。对于大洋彼岸这群携冷战思维、对中国的发展成就耿耿于怀的先生们，我建议他们与时俱进，学习一句中美文化融合的俚语：No zuo no die。

美国司法部起诉中国军人事件评述

2014 年 5 月 19 日，美国司法部以对美企业实施网络窃密为由起诉 5 名中国军官，再次上演了“贼喊捉贼”的闹剧。两周以来，事件持续发酵。经过最初几天的观望，美方有官员表示要对中国“继续施压”，放风称将拒签中国技术人员参加夏季在美国召开的全球黑客大会。美国媒体、智库更是动作频频，重点分析研判中方反应。鉴于中方已中止中美网络工作组活动，也有美方专家提出希望维持专家对话渠道，在二轨内交换意见。

中方则对美严重挑衅进行了坚决回击，激烈程度超过美方预料。国内研究机构、专家和媒体纷纷发声，尤其是国家互联网信息办公室的《美国全球监听行动纪录》，有力揭露了美国严重侵犯人权、危害全球安全的恶劣行径。近期出台或准备出台的一些管理政策也被公众解读为对美国的反制。也有国人呼吁，再也不能停留于口头抗议和舆论反击，要以牙还牙，起诉美国“棱镜”计划的相关人员，甚至抓捕美国间谍。

显然，经过短兵相接之后，整个事件正进入一个关键点。美方一日未撤诉，我们就有必要继续保持对美反击态势。但更重要的是且行且思考：我们通过这些反击想达到什么目的？应该如何达到目的？

一、深刻认识美国战略图谋

炒作“中国网络攻击”是“中国威胁论”的升级版，已成为美国等西方国家遏制、围堵中国的新手段。冷战结束以来，西方炒作“中国威胁论”已有 4 轮。第 1 次在 1992—1993 年，首当其冲的是美国出版了《正在觉醒的巨龙：亚洲的真正威胁来自中国》。第 2 次发端于 1995—1996 年，诱因是台海危机及由此而引起的美国国内对华政策大辩论。第 3 次是在 1998—1999 年，《考克斯报告》、“李文和案件”等是典型。第 4 次就是当前，突出表现在两个方面，一是炒作中国军力发展，渲染南海争端；二是炮制中国对美国网络攻击事件。2016 年年初的 RSA 国际会议上，几乎所有国外展台，遇到中国人参观即关闭产品演示，回避与中国人的技术交流，担心中国人窃取技术，由此可见西方的炒作已经在产生实质影响。

没有信息化就没有现代化，美国为了保持在 IT 领域领先中国几代的优势，千方百计打压我们的信息技术能力。美方有专家曾对中方提及：中国的巨型计算机已经进入世界 TOP10，你们却总说自己不是网络强国，这与我们对你们的认识反差太大。众所周知，我们在核心技术上受制于人，美国的高端 IT 产品占据了我们的核心要害部门和重点行业，美国人对此避而不谈，反而认为中美的网络实力接近，实醉翁之意不在酒。自从信息安全产品认证制度以来，美国联合欧洲、日本对中国的网络安全管理政策发起了疯狂阻击，试图继续为保持其产品在中国的广泛渗透留下方便之门，炒作来自中国的网络威胁，也正是为这一意图做策应。

美国多次滥用其掌握的全球互联网基础资源和核心技术，高调宣布组建网络战部队，掀起网络军备全球竞赛，制造“震网”病毒攻击他国民用关键基础设施，将网络监控触角遍及全球，这些做法无一不遭到了各国的批评，与国际和平潮流背道而驰，其在国内也受到了民众的强烈质疑，此番起诉中国军人，也是为其继续建设网络部队、监控他国制造理由。

二、警惕美国将双重标准搬入国际公约

美国在大肆建设网络战部队的同时，却对其他国家发起莫名其妙的攻击起诉，这是一种什么样的强盗逻辑呢？

1999 年，俄罗斯在联合国大会上提交了《从国际安全的角度来看信息和电信领域的发展》。但美国对此极为反对，拒绝在国际场合讨论网络安全，也不愿开展网络安全国际合作。一直到 2006 年 10 月，联合国以 169 票对 1 票通过了俄罗斯的决议草案，唯一的反对票正是美国投出。美国人认为，在世界多极化趋势下，特别是随着更多国家的主权意志的觉醒，美国的传统霸权正面临挑战，且有失去霸主地位的风险，而有助于其扭转霸权衰退趋势的，就是紧紧抓住其在网络空间的巨大信息技术优势，加强对他国的控制。显然，美国是要将网络空间作为维持和增强其 21 世纪全球霸权的主要平台、手段和工具。俄罗斯率先提出国际规则草案时，美国人担心这一草案会直接影响其发展网络作战能力，只好选择回避。而当其一切准备就绪时，就要以和平为名义限制别人了，这与美国在拥有核武器后实施控核如出一辙。

为了既为美国的行为披上合法外衣，又能限制其他国家的发展，美国发展了双重标准。其基本理念是，赋予网络空间军事、情报属性，提出网络空间是军事和情报行动的天然平台，就像各国都在从事传统的军事和情报行动一样，宣布以军事和情报目的而实施的“攻击性”网络行为是合法的；同时，在军事、情报目标之外，将其他网络攻击行为归类于民事领域，将此类攻击宣布为不合法和不可接受的。由此恣意挥舞大棒，同时又为自己的攻击行为披上了合法外衣。在中美对话中，美方代表向我方直陈，网络军控是个伪命题，美国人只接受类似于“核平衡”的“网络平衡”概念，因为网络空间军事化已经成为网络空间的内在发展需求。美国人加大对全球各主要目标的攻击和监控，但在回复外界指责时，即使是面对“震网”病毒攻击伊朗核基础设施、“棱镜”计划监控他国元首等这样确凿的事件，美国人也面不改色、大言不惭，将其轻描淡写为

避免地区武装冲突、反恐的正义之举。斯诺登爆出，美国曾入侵华为服务器，但有美国人解释，这是为了监视华为是否与中国军方有来往，其目的还是“排除华为与中国军方联合威胁美国国家安全的担心”。

需要警惕的是，美国连续炒作中国黑客攻击事件，此次又诉诸司法手段，就是为其牵头制定国际规则造势。而美国属意的国际规则的核心，就是将其双重标准上升成为国际法。

三、以建设网络强国应对美国网络霸权

中美网络冲突愈演愈烈，“报复论”不可取。夫报复者，或为痛快，或施惩戒，或树威慑，甚是重要，但终究是战术层面的事情。诚然，“打不还手”时代已远去，在网络空间更不可任人欺凌。但大国博弈，绝非街头巷尾之口水战。古曰国家之事，有持盈，有定倾，有节事。我真正心腹大患，是核心技术、重要系统受制于人，岂能依靠“以牙还牙”解决？就报复而言，宜发乎于怒，止乎于理。要因势利导，将“理”讲到全世界，“讲”出国际规则，这本身便是一场重要斗争。美国人步步为营，抛报告、造舆论，继而拿“证据”走司法，焉知其不是试探我实力，逼我亮底牌。

“固本强基”是关键。所谓报复有度，绝非是要无所作为，绝非是要作鸵鸟，而是要围绕根源问题，抓紧提升自身能力。反制只是被动手段，最高境界是不制于人。如若自己千疮百孔，谈反制岂不是笑话？无非是逞匹夫之勇罢了。两周之内，我国媒体连续报道政府采购禁用 Windows 8，正在制定网络安全审查制度，国企不得采用美国公司咨询服务等消息。国人欢欣鼓舞，西方忧心忡忡。但笔者坚持认为，此时公布有关政策，有时间上的巧合因素，也是因为美国起诉事件使既定的一些工作提速。这些政策与反制美国无关，而是中国维护国家网络安全的应有之义。试想，一项项用来弥补国家网络安全重大风险隐患的重

要政策，如果长期缺失，仅仅是为了报复别人、让别人不舒服才推出来，那这些制度真的重要吗？能起到保护作用吗？我们真的有长效机制吗？我们不能自己把维护国家网络安全、国家安全的重要举措看低了。

“网络强国”是出路。在中央网络安全和信息化领导小组会议上，习近平总书记描绘了建设网络强国的宏伟蓝图。理解之，实现之，是走出受制—反制—依然受制怪圈的唯一途径。一是技术强，要有自主的先进技术；二是内容强，要有繁荣发展的网络文化；三是基础强，要有良好的信息基础设施，形成实力雄厚的信息经济；四是人才强，要有高素质的网络安全和信息化人才队伍；五是国际影响力强，要积极参与国际合作，有效维护国家安全和发展利益。把握住这些努力的方向，一心一意谋发展，方是上上之策。

扩展阅读：

斯诺登曝光美国监听计划

2013 年 6 月 6 日，前中情局（CIA）职员爱德华·斯诺登通过英国《卫报》和美国《华盛顿邮报》曝光美国一项代号为“棱镜”的全球网络监听计划。6 月 7 日，美国总统奥巴马做出回应，公开承认该计划。

“棱镜”（PRISM）计划的正式名号为“US-984XN”，是由美国国家安全局（NSA）2007 年开始实施，联邦调查局（FBI）参与的绝密电子监听计划。该计划能够对即时通信和既存资料进行深度监听，许可的监听对象包括任何在美国以外地区使用参与计划公司服务的客户，或是任何与国外人士通信的美国公民。与政府机构合作的九家互联网公司包括：微软、雅虎、谷歌、Facebook、PalTalk、美国在线、Skype、YouTube、苹果。国家安全局在“棱镜”计划中可以获得电子邮件、视频和语音交谈、影片、照片、VoIP 交谈内容、档案传输、登入通知、社交网络细节，甚至可以实时监控一个人正在进行的网络搜索内容。《华盛顿邮报》获得的文件显示，仅在2012年内，美国综合情报文件“总统每日简报”在1477个计划中使用了来自“棱镜”计划的资料。一份文件指出，“国家安全局的报告越来越依赖‘棱镜’项目。该项目是其原始材料的主要来源。”虽然奥巴马政府以反恐之名进行申辩，“棱镜”项目严重侵犯了个人隐私权的实质仍无法改变。

2014年5月26日，中国互联网新闻研究中心公开发表《美国全球监听行动纪录》报告，称斯诺登曝光的材料证明：美国窃听范围涵盖国家领导人、科研机构、大学、企业等，非法窃听的主要对象之一就是中国，电信行业和金融行业是主要的攻击目标。报告还称，美国利用霸权，肆无忌惮地对包括盟友在内的其他国家进行监听，涉及全球民众，这种行为早已超出“反恐”需要，严重威胁世界各国的网络安全。

美国司法部起诉5名中国军人

2014年5月19日，美国司法部以所谓“中国军人有组织地为中国公司搜集美国商业情报”为由，对5名中国军官提起了黑客罪起诉，于新闻发布会上公布了5名中国军官的姓名，并配有照片和所谓“犯罪事实”，还印上“FBI通缉”字样。《华尔街日报》指出，这是一种公开的点名和羞辱。

长期以来，美方有关部门倚仗所掌握的先进技术和基础设施，对外国政要、企业、个人进行大规模、有组织的网络窃密和监听、监控活动。被曝光事件从“维基解密”到“棱镜”再到“肌肉发达”，监听内容从电子邮件、电话记录、通信录、社交网络信息到手机定位信息，对象从外国领导人、外国民众到美国民众。可以说，没什么不在美国监听之列。中方就此曾多次向美方提出交涉，国际社会也予以广泛谴责。美方迄今不但没有向中方和国际社会做出清楚解释，反而颠倒黑白、倒打一耙。

对此，中国国防部外事办公室官员于2014年5月20日召见美国驻华使馆代理国防武官，提出严正交涉和抗议。中方表示，美方对中方人员的指责毫无根据，有关霸道行径严重违反国际关系基本准则，严重诋毁中国军队形象，中方完全不能接受，并表示强烈抗议。中方要求美方立即撤销错误决定，切实维护两军关系发展大局。同时，鉴于美方对通过对话合作解决网络安全问题缺乏诚意，中方决定中止中美网络工作组活动，并将根据形势发展，对美方所谓起诉做出进一步反应。

中央网络安全和信息化领导小组成立以来，美方一方面将网信领导小组的成立解读为中国要加强舆论管控，另一方面认为中国开始了新一轮的对美IT贸易限制。这一错误认识直接导致了2015年年初的“317号文”事件，并愈演愈烈，终于在2015年间爆发了围绕中国安全可控政策的几次激烈冲突。本文发表于2016年4月，对上述事件进行了回顾，分析了网络安全领域的规则博弈情况，提出了相关建议[5]。

——美国就银监会317号文等对华提出交涉

[5] 原文发表于《中国网络空间安全发展报告（2016）》，2016年11月。

网络空间国际规则：不可欺以方圆

众所周知，网络空间是人类新的生存空间。既然有人类活动，那就离不开规则的约束，这是基本的社会学原理，更何况这个空间是“人造”的。但规则从何而来？这当然也是人定的。于是围绕着规则的制定便产生了博弈。毫无疑问，谁主导了规则的制定，谁就有了将自身利益最大化的条件，也就有了冠冕堂皇限制对手的借口。几千年的历史长河中，中国长期扮演了世界头号强国的角色，但善良的中国人无意染指世界版图。近现代以来，西方诸国借新的生产力革命之势迅速崛起。随着各国政治、经贸关系的不断密切，西方人主导的国际规则被一项又一项发明出来。中国作为后来者，往往只能被迫接受这些“公认”的游戏规则。然而，很多这些国际规则的背后，却常常隐藏着虚伪、狡诈。冷战时期已经离我们远去，网络时代的国际规则正呼之欲出，和平、安全、多边、民主理应成为网络空间国际规则的出发点。

《礼记》有云：故衡诚县，不可欺以轻重；绳墨诚陈，不可欺以曲直；规矩诚设，不可欺以方圆。然而，总有某些国家，无视世界多极化趋势和世界人民和平、稳定的共同愿望，一再践踏良知与公义，试图以一套歪理为网络空间定下规矩，藉以巩固和拓展其在网络空间的霸权。特别是，斯诺登曝光“棱镜门”事件以来，美国极力为其情报监听和进攻性网络战活动披上合法的外衣，并在2015年摆出一副对华摊牌态势，持续制造事端，试图逼我就范。当前，国际上围绕网络空间规则的斗争已经白热化，增强我国际话语权，提升对网络空间国际规则影响力，已经成为维护国家网络安全乃至国家安全的必然举措。

一、有苦难言，中国人吃亏知多少

近年来，中美关于网络安全政策的纠纷此起彼伏，并在 2015 年达到高潮。美国一再以中国违反 WTO 规则为由对我施压，我则数次让步。如中国政府宣布无限期停止实施无线局域网安全（WAPI）认证，将信息安全产品认证实施范围由市场准入缩小至政府采购领域。

最新的典型事件是：2014 年 12 月 26 日，银监会与工信部联合下发《银行业应用安全可控信息技术推进指南（2014—2015 年度）》（银监办发〔2014〕317 号）。该文在外国在华科技企业中引起巨大恐慌，一石激起千层浪。媒体报道，2015 年 1 月，美国总统奥巴马曾致电习近平主席，对 317 号文、反恐法中涉 IT 条款提出交涉。奥巴马甚至在公开场合发言：中国制定安全政策应该咨询美国政府和美国企业。2015 年 2 月 12 日，银监会发布公告：源代码备案还在研究；关于自主知识产权，现阶段只要求有合法知识产权。2015 年 4 月 2 日，银监会再次发布公告，317 号文暂缓执行。但美国并不止于对 317 号文的狙击，在习主席访美前夕，美国 19 家行业协会致信奥巴马，要求其在“习奥会”中向中方施压。

但反过来，美国自己却一再阻止中国信息技术产品进入美国市场。近年来，美国外国投资审查委员会（CFIUS）先后对中国的联想、华为在美投资进行国家安全审查；美国政府或国会对其政府部门、重点行业采购中国产品进行直接干涉，如华为与美国电信商 Sprint 的价值 60 亿美元的电信合同在政界的警告下夭折；美国众议院情报委员会于 2011 年对中兴、华为进行特别调查，并发布调查报告，其后果是中兴、华为的网络设备彻底退出美国市场。

于是我们面临这样的窘境：美国高端信息技术设备、服务在中国核心要害系统占据主流地位，使其有能力远程控制我国重要领域与重点行业，而我们对这些产品提出的安全要求却一再被美阻挠；反观之，中国的信息技术产品进入美国却举步维艰，美对中国产品的限制措施层出不穷。以至于一些中国的企业忙不迭划清与中国政府的界限，不愿意被作为“中国的企业”，而一再强调是“国际企业”，试图抹去企业的中国元素。2015 年，某中国知名跨国 IT 企业对中国网络安全政策发表批评性建议，被国外媒体大肆炒作。

形势要求我们必须思考一个问题：中国维护网络安全的正当行为屡屡被指违反了贸易规则，但美国对中国企业的限制却为所欲为，这种情况是怎么造成的？难道是美国人比我们聪明吗？

这其中固然有产业实力的因素，也有我个别政策不完善的原因，但归根结底，我们吃亏在规则上。

美国人已将与 IT 和网络安全有关的贸易规则玩于股掌之上。

首先，美国对中国产业的限制往往是在投资环节，手段是 CFIUS 的国家安全审查。即美国不是靠限制中国产品在美使用来达到其目的，而是早在中国企业赴美落地投资时，美国的限制措施便接踵而来，如针对联想并购 IBM 个人电脑部，针对华为与贝恩资本联合并购 3com。这根本就是赤裸裸的对正常贸易的限制。遗憾的是，WTO 规则当年是美国牵头制定的，其针对的是货物贸易和服务贸易，已将投资行为排除在 WTO 规则的适用范围之外。也就是说，无论美国如何对待在美投资的中国企业，这都与 WTO 规则无关，因为 WTO 规则对此不限制。那么，我们是否可以学习美国的措施呢？答案不是那么简单，因为中美两国国情不同，有效吸引外资、利用外资曾是我们一项长期政策，我们不可能大面积限制外资的进入，但美国则不同。

其次，美国曾对中方解释，国会对中兴和华为的调查是这两家公司自己要求的，美国没有这个制度（这的确是事实，因为多年来美国人针对中国企业制造不利舆论，使中国企业不得不想办法证明自己的清白）；国会只是发布了一篇没有任何法律效力的普通报告，报告中也只是提出了不采购中国设备的建议，这个建议没有任何强制性。美国联邦官员对此曾面告中方：国会有些议员很疯狂，他们不代表政府立场，政府也不同意他们那么做。至于美国电信运营商等重点行业不采购中国产品，美国联邦官员同样表示很无辜：政府没有发文，只是个别政府官员或国会议员基于个人对中国的成见、靠个人影响而做了风险提示，重点行业完全是自行拒绝中国产品的。根据 WTO 规则，中国自然告不了这些“个人”和采购方。那么，这类措施我们是否可以照搬？难度也很大。因为中国核心要害系统对美国产品依赖性太强了，没有强制性要求，受制于人的局面靠用户自发和个人推动是解决不了的。

再次，还有更为严重的问题。WTO 规则设定了“国家安全例外”，那我们的措施是不是可以援引这个例外呢？这似乎是行得通的，美国 CFIUS 在实施国家安全审查时，一直对“国家安全”的概念模糊处理，其效果就是，“国家安全”无所不包。然而，再一次让我们哑巴吃黄连的事情发生了：在 WTO 规则中，“国家安全”严格限定在武器与核材料方面。无论奥巴马政府在其国家安全战略中把金融、通信、能源、交通等领域描绘得对国家安全多么重要，但在 WTO 场合，美国人却又改口把这些算作商用领域。这就是为什么美国人要求我产品管理措施只能在军队和情报领域适用的根本原因，美国人认为其他领域使用的产品和服务中国政府都不能管。针对这个问题，我们是否可以到 WTO 与美国人“对簿公堂”呢？这固然可以，但另一个遗憾的事实摆在面前：到目前为止，全世界都没有一例援引“国家安全例外”进行抗诉的实际案例，更别说抗诉成功了。没有先例，又缺少规则制定的话语权，加之美国可能给我们的政治、外交等压力，困难可想而知。

人家得心应手、游刃有余，我则束手束脚、处处掣肘，这就是规则失势的结果。

二、步步为营，美国人挥师欲何为

信息技术贸易规则只是网络空间国际规则的一个具体方面，比这影响更大的则是网络空间国家行为准则，这是当前各方角力的焦点。

美国为了主导网络空间国际规则的制定，先后有几次标志性的动作：在2010 年主持北约提出了“战略新概念”，将应对网络攻击纳入北约集体防御范畴；2011 年发布了《网络空间国际战略》和《国防部网络空间行动战略》，提出了美国对网络空间国际准则的基本主张，明确了“先发制人”的威慑战略；2013 年发布《减少美国商业秘密遭窃的行政战略》，并多次联合个别企业制造事端，将网络攻击的焦点引向商业窃密，特别是在 2014 年起诉我国 5 名军人；2015 年更连续发力，签署总统令，对海外黑客提出一揽子制裁措施，同时发布第二版《国防部网络战略》，首次明确了国防部在军事领域之外应对网络攻击的职能；国务卿克里几番兜售制定“和平时期网络空间行为准则”的提议，有意避开网络空间军事和情报行动。

如此精心布局、步步为营，目的就是为了将其核心诉求上升成国际规则，以约束他国，并为自己留下恣意行动的空间。

一是宣扬互联网自由。美国强调互联网信息应在全球自由流动，并将其定位到“价值观”的高度，美国几任国务卿均曾致力于此。正是在“自由”的幌子下，美国屡次通过互联网实施“颜色革命”，在他国政权更迭、地区动乱中发挥了关键作用。受这一政治目的的驱使，美国反对中俄等国的互联网管理模式。前些年，美国拒绝将中俄等国主张的“网络主权”纳入国际规则。近年来，其因国际舆论压力而态度有所松动，如未反对在 2015 年的联合国政府信息安全专家组（GGE）报告中写入“网络主权”原则。但美国却对“网络主权”采取了另外的解释，美与中、俄的分歧并未得到弥合。美国的最终目的，是意图困住中俄手脚，为其插手他国政治甚至颠覆他国政权大开方便之门。与此相关，美国提出互联网治理的“多利益攸关方”模式，拉出跨国互联网企业为其造势，反对政府在互联网管理中的主导作用。

二是将网络空间军事和情报活动合法化。斯诺登曝出了美国长期监控他国的惊天丑闻，且美国军方持续加强网络战部队特别是攻击能力建设，在实战中还针对伊朗的核设施首开网络武器运用之先河。显然，美国已经成为全球网络攻击的最主要源头。如此劣迹斑斑，美国如何洗白自己、反咬他国，这就是美国的第二个重要主张：各国应承认网络空间天然具有军事和情报属性，国际规则应允许各国在网络空间开展军事和情报活动，应当限制的只是商业窃密而已。正是在这一逻辑下，美国将其所有的网络行动都冠以军事和情报活动借口。

三是主张明确网络空间的国家责任。网络空间的攻击者有多种类型，上至一个国家，下至某些个人。但美国偏要在国际规则中明确“国家”责任，并为之发明了“代理人”概念，执意要将其列为网络安全重大威胁。这个概念用心险恶，其实质是要将来源不明的、任何团体和个人的网络攻击行为由政府埋单，指责他们是政府的“代理人”。众所周知，个人攻击者可以借助他国 IP 地址作为攻击跳板，但显然，美国已不再考虑这些因素。在其逻辑中，只要其指出攻击源中有某国的 IP，该国就要接受调查，因为有“国家责任”。2015 年，奥巴马的网络安全助理丹尼尔公开表态：“民族国家在网络空间，就像他们在其他地方一样，有责任遵守某些行为标准。这就是为什么美国仍然深切关注中国持续的、无可争辩的、政府资助的网络盗窃。”其后手就是，按照两次美国国防部网络战略，对网络攻击发起包括军事打击在内的反击。事实上，这是在为向主权国家发起政治、军事行动找借口。

四是要推动信息技术领域的自由贸易，反对因国家安全缘由实施贸易限制，反对主权国家自行制定的信息技术标准影响全球互操作性。美国人携双重标准屡试不爽，既挑战了各国的网络安全政策，又保护了自己的市场。这样做绝不仅仅出于经济原因，也绝不仅仅是因为其受到本国企业游说。真正原因还在于国家安全利益。正是借助跨国企业产品和服务在他国的广泛部署，美国才获得了对他国无数核心要害系统的控制权，在某种程度上也拥有了控制他国的能力，其绝不甘心自己国家的产品被替换掉，因为这意味着其对别国的战略优势的丧失。而美国处心积虑地在全球狙击中国的产品，也不过是担心其产品被中国产品挤掉后，美国的监控版图（包括对本国系统的监控范围）会缩小。

三、雾里看花，对话时任性为哪般

网络安全是世界各国面对的共同问题，和平、安全的网络空间符合全人类共同利益。这是各国的共识，也是中美在网络空间合作的出发点。两国间固然有很多分歧，但共识大于分歧，合作仍应是中美在网络空间关系的主流。正如丹尼尔的另一句话："美国和中国在因特网和网络安全相关的一些根本问题上意见不同。这点毫无疑问。我们需要坦白地、诚实地对待这些不同的意见，但是美国不接受这种说法，即这些问题是我们网络安全问题的双边合作上不能克服的障碍。"

2015 年 9 月，习近平主席成功访美，与美就网络安全达成重要共识，并发布多项涉及网络安全的访美成果。为落实两国元首达成的共识，中美在华盛顿举行了打击网络犯罪及相关事项首次高级别联合对话。对话由国务委员郭声琨与美国司法部部长林奇、国土安全部部长约翰逊共同主持。中方表示，愿本着"依法、对等、坦诚、务实"的原则，与美方一道，推动构建合作共赢的中美网络安全执法合作机制。中方建议，双方应坚持把对话机制作为中美就网络安全问题开展交流沟通的主渠道，及时、有效回应彼此关切，建设性管控分歧。中方提出，希望双方共同努力，把网络安全执法合作打造成中美关系的新亮点。美方也表示，愿以坦诚和建设性态度，用实际行动落实两国元首达成的共识。

美方强调，双方应加强信息交流，共同打击网络恐怖主义和商业窃密等网络犯罪行为，发挥对话机制的积极作用，并取得实质性成果。中美双方在此次对话中达成了《打击网络犯罪及相关事项指导原则》，决定建立热线机制，就网络安全个案、网络反恐合作、执法培训等达成了广泛共识，取得积极成果，在落实两国元首达成的共识方面取得重要进展。双方决定 2016 年 6 月在北京举行第二次对话。

这是否意味着，在经历了空前的对峙态势后，中美在网络空间的紧张关系得以缓解、进入了正常渠道呢？未必如此。即使就 2015 年年末的中美执法对话而言，美方依然回避了网络战攻击、情报窃密等问题，也没有表明愿意在网络犯罪标准上与中方弥合分歧。这个执法机制框架内的关注对象，无非还是美国人所定义的网络犯罪而已。因此，这并不表明中美的分歧就不存在了，不等于双方进入了“蜜月期”。一旦美国人的诉求达不到，形势有可能急转而下，再次出现严重对抗局面。

如果再回顾这些年来的中美网络安全交往，更可以看到，美方几无诚信可言。解读美方屡次释放的信号，不得不做出这样的判断：美国人没想过要进行真正的建设性对话，他们追求的就是自身的绝对利益，追求的就是自身的问题得到解决。这个国家根本不会考虑其他国家的安全。一个明显的例子是，当美国面对中国企业大呼“狼来了”时，有没有换位思考过，如果中国产品在美国使用率像美国产品在中国一样，美国人还睡得着觉吗？

纵观近年来中美在网络空间的博弈过程，以及奥巴马及联邦政府官员们各种淋漓尽致的表现，已经说明了这个国家在网络安全事务上的对华态度。前事不忘后事之师，我们要对建立中美网络执法合作机制后美方的行为“且行且观之”，高度警惕这个翻脸易如反掌的国家中某些政客的行为。

一曰狡诈。移花接木、浑水摸鱼，行以偏概全之能事，将无理当成有理。2015 年年初，美国国务卿、贸易代表、商务部长、财政部长联合向中国政府写信抗议，将中国的银行业 317 号文的安全可控政策定性为“反竞争的贸易壁垒”。这个政策要求厂商向银监会提交源代码，确有考虑不周之处，银监会此后也对该政策做了调整。但事实上，美国牵头起草的国际标准《IT 安全评估共同准则》（CC）中早已明确要求高安全等级信息技术产品要向评估机构提交产品安全功能相关的源代码，但美国人自己是不会主动说这个真相的，只要中方不提出来，他们就会一直坚持“源代码是核心知识产权，与网络安全管理无关”的论调。美国人永远只会说对自己有利的一面，不会去顾及什么道义。

二曰无知。网络安全是个专业性很强的领域，但奥巴马与其内阁官员们似乎不愿意去做基本的功课，他们既不愿了解自己是怎么做的，也不愿了解中国到底在做什么。于是乎，奥巴马忘记了本国已有《通信协助执法法》和《爱国者法》，趾高气扬地指责中国的《反恐法》草案，抱怨中国不该要求电信运营商和服务商为中国执法部门开放接口；奥巴马的网络安全助理向中国的银行业安全可控政策发难，指责中国不该要求企业为中国政府提供软件和硬件的后门，但他抱怨的事情根本就不存在，完全是听信了某西方媒体臆造的“侵入式检查”。他们为什么满口跑火车而不怕丢丑？无知是假，不屑于知道是真。在他们眼里，向中国开炮、抹黑中国准没错，其他错都无所谓。

三曰荒谬。网络攻击影响国际安全、公众利益和公民权益，世界其他国家都在用这种逻辑说话，唯独美国用的是“我们已经看到商业数据入侵和商业机密窃取的数量呈指数级增长”。美国喊破嗓子都要强调“商业窃密”问题，实是醉翁之意不在酒。但为了栽赃中国，美国居然将中国改革开放 30 余年来的经济成就诬蔑为窃取美国商业秘密的结果，诬称中国将商业窃密作为国家的一项经济政策，没有比这更荒谬的事情了。美国对中国的栽赃是长期的、坚持不懈的、变本加厉的，今后也不会有本质的改变。

四曰狂妄。中国的《反恐法》草案自 2014 年 11 月 3 日开始征求意见，为期一个月，当时并没见美国高官和企业提出异议，西方媒体也鲜有关注。但在

4 个月后美国却突然抗议，实有违常理。这种受一小撮人蛊惑、为了反对而反对的态度本身就不是在进行建设性对话。美国国务院新闻发言人竟声称“中国起草反恐法律时应该咨询美国政府和企业界”，实在是狂妄到了极点。

五曰无礼。面对中美两国元首将进行重要会晤的历史时刻，中美两国应管控分歧，相向而行，这是一种基本的国际礼仪。但美国人却有意扩大分歧，频繁制造事端。一部《国防部网络战略》居然三次炒作中国窃取美国商业秘密，并将中国列为“潜在敌人”。我们的一些部门往往从政治、经济角度强调“中美关系大局”，一力营造良好的两国关系氛围，但在美国人眼里，网络安全本身就是中美关系大局，而且是一等一的大局。

四、进退有据，博弈中出路在何方

网络空间国际规则绝非几行文字那么简单，而是“三寸不烂之舌能退百万雄兵”精要所在，是国家利益的高级博弈。一个连高中生都常见的术语，一句对网络安全威胁的简单描述，背后有可能牵涉巨大的国家利益，实乃死生之地，不可不察。

中美经过这些年多轮次、多形式的对话和接触，共识自然取得很多，但核心利益不同导致的分歧依然难以弥合。中国要对早日达成网络空间国际准则抱有信心，但同时也应有足够的耐心。中国可向美国传递足够清晰的信号，明确表达核心诉求和原则底线，而不是受美牵制、按美国人设定的轨道走。

（一）坚决不能简单接受美方的两个主张——互联网自由及网络空间军事情报行动合法化，这是中国的底线，但双方可以找出解决问题的办法

“互联网自由”与“网络主权”的对立再尖锐，都不及中美两国政治制度差异大，但政治制度的差异并没有影响两国的往来。“自由”作为一种普世价值，

中国理应拥护和赞赏，在网络空间亦是如此。但任何自由都有条件，这也是基本常识。互联网信息自由流动的前提是遵守所在国的法律法规，尊重所在国的政治制度、宗教信仰、文明习俗。“互联网自由”对美国是个价值观，价值观无法拿来当饭吃。但“互联网自由”也是美国的幌子，这就触及了主权问题。中国坚决反对利用信息技术干涉他国内政，破坏他国政经社会稳定的行为，这一点不容商量。

美国的网络空间军事情报活动合法化理论源于对现实世界的映射，并非毫无现实基础。但美国有意回避了网络空间的特殊性，如网络空间已经难以区分平时与战时、军用与民用，如网络攻击难以精确溯源；传统战争术语在网络空间也出现了模糊，如攻击、武器等定义尚不清楚，如攻击损失尚缺少评判标准。中国不必生硬反对把传统战争规则《武装冲突法》作为网络空间准则的基础，但《武装冲突法》适用的前提是必须把有关定义问题搞清楚。此外，任何理论都不能从根本上改变网络空间的和平、安全属性，必须提出确保网络空间和平、安全的实际举措，而不能单方面强调网络空间的军事化属性。在这个问题上，中美可以成立专家组，共同研究具体的技术和标准问题，否则隔空叫阵纯属浪费时间。

（二）要切实解决我自身重大安全关切

中国的关切同时也是广大发展中国家的共同关切，网络空间国际规则不能对这些关切视而不见。

首先，中国关注政治威胁，“互联网自由”的前提条件是信息流动的安全和有序，这必须明确列入国际规则，这一点已经得到世界多数国家的共识。

其次，中国关注军事威胁。美国已经营网络战部队多年，对世界和平构成了巨大威胁。4 年前的华盛顿，美方代表曾向我方抛出问题：如果中国的电网被攻击了，在何种情况和程度下解放军会介入？美方在随后自我解释：美某大银行被攻击后，国防部派出国家安全局的专家协助进行事件分析。彼时美方尚遮遮掩掩，将军队的行动范围假惺惺限定在国防部网络。但美国在2015年发布的新版《国防部网络战略》则撕掉了最后一点遮羞布，直言美军的网络战行动范围涵盖国家利益的全部范围，不再区分平时与战时。事态已经非常严重。中、俄等国在69届联大提交的《信息安全国际行为准则》只是原则性地提出：“不利用信息通信技术和信息通信网络实施有悖于维护国际和平与安全目标的活动”，这不足以约束一些国家的冒险行为。网络武器已经具备了核武器的破坏力，当前有必要成立网络军控的国际机制。

再次，中国关注技术威胁。中国面临的心腹大患，是美国人借助技术优势和互联网基础资源优势，对中国无数核心要害系统和互联网的控制。中国的市场是开放的，中国也不会以封闭换取安全，但中国关键部门和重点领域使用的信息技术产品与服务必须是安全、可控的。国际准则应当对信息技术供应链安全予以规范。奥巴马内阁声称，国际上检测为安全的技术应当无障碍地流入中国市场，那么请问，这些技术含斯诺登爆料的那部分吗？

（三）中国经验可以为世界做出更多贡献

在奥巴马内阁官员的描述中，中国破坏了互联网开放、互联的属性，限制了互联网作为强大的经济与社会进步引擎的作用的发挥。美国的官员似乎生活在古堡里，他们看不到互联网对中国经济快速发展发挥的巨大作用，也听不到中国互联网企业在美上市时引发的华尔街喧闹。美国防部战略中提到，美国经济中3%～13%的任何工商业增加值都源于互联网相关业务。那么，美国人有没有认真了解过中国的“互联网+”计划？

中国的互联网管理体制机制固然需要不断地改进优化，但“中国经验”已经有了太多的成功例证，这为网络空间国际规则提供了更多的支点。美国人对中国的互联网管理体制耿耿于怀，说到底还是为那点儿政治阴谋。不知道奥巴马内阁官员因何得出了“中国和其他方面倡导的自上而下、政府主导的管理因特网的未来的做法有根本上的缺陷”这个结论？中国一大批互联网企业创造的经济奇迹，难道是政府主导的结果吗？中方对互联网治理的多利益攸关方模式同样赞同，但为什么只有美国的企业是“多利益攸关方”，而中国的企业就不是？广义上，“互联网治理”的议题十分广泛，但美国的“互联网治理”却始终盯着别人是不是管制互联网了，有意绕开了互联网升级改造传统产业、拉动实体经济的意义及其对改革政府行政管理体制的要求。

中国正在大力发展跨境电子商务，这正是推进自由贸易、加大互联网应用的重大战略举措。跨境电商是自下而上的互联网应用持续发展的必然结果，代表了互联网的一种未来。中国电子商务企业提出了72小时内包裹到达全球任意地方的业务目标，为此，中国海关总署在2015年5月11日印发《关于调整跨境贸易电子商务监管海关作业时间和通关时限要求有关事宜的通知》，要求对跨境电商实行365天24小时保持服务在线，为跨境电商办结海关手续，并在周六日仍照常审核发货。那么问题来了，中国的电子商务企业显然是互联网治理的利益攸关方，中国政府充分考虑了这个利益攸关方的切身利益，做出了海关周末加班的决定，但美国的海关周末加班吗？否则邮件如何快速通关？美国该如何回应电商这个利益攸关方的利益诉求呢？

网络空间国际规则不仅仅是美国关切的那些内容，互联网治理的多利益攸关方模式也绝不能只为了迎合美国所谓的“互联网自由”。中国的经验，应该而且必须为网络空间国际规则提供更多输入、做出更多贡献。

❀扩展阅读：

美国忧中国安全可控政策，中美激烈交锋

一、“317号文”事件

2014年12月26日，银监会与工信部联合下发《银行业应用安全可控信

息技术推进指南(2014—2015年度)》(银监办发〔2014〕317号)。该文在外国在华科技企业中引起巨大恐慌，一石激起千层浪。2015年1月，美国总统奥巴马亲自致电习近平总书记，对317号文、反恐法中涉IT条款提出质疑。奥巴马甚至在公开场合发言：中国制定安全政策应该咨询美国政府和美国企业。2015年2月12日，银监会发布公告：源代码备案还在研究；关于自主知识产权，现阶段只要求有合法知识产权。2015年4月2日，银监会再次发布公告，317号文暂缓执行。

但美国并不止于对317号文的狙击，在习近平总书记访美前夕，美国19家行业协会致信奥巴马，要求其在习奥会中向中方施压，以达到3个目标。

1．两国均履行开放市场的承诺。

2．两国均承诺，涉及IT的国家安全措施应当：①是取得正当安全目的所必需；②严格限于该目标；③对开放贸易和竞争的限度最小。特别是，不应在法律法规中设立旨在限制公开竞争的与经济安全相关的特定要求。

3．中美建立磋商渠道，最大限度减小对IT贸易的影响。

二、习总书记访美成果清单中的双方约定

根据2015年9月习近平总书记访美成果清单第11条，中美双方达成如下约定。

——双方承诺，用以在商业领域加强信息通信技术网络安全(信息通信技术网络安全法规)的一般适用措施，应符合世贸组织协定，仅用于小范围，考虑国际规范、非歧视，且不对商业机构在相关产品的购买、销售或使用方面不必要地设置基于国别的条件或限制。

——双方确认，在商业领域规范技术产品的一般适用措施，得益于与私营部门、政府和其他利益相关方有意义的咨商，以鼓励制定有创新性的、灵活的和具有成本效益的解决方案。

——双方确认，发展和保护包括商业秘密在内的知识产权的重要性，并承诺不推进将转让知识产权或技术作为在各自市场开展业务的前提条件的一般适用政策或实践。

——双方确认，各国不能实施或有意支持窃取包括商业秘密或其他机密商业信息在内的知识产权，以向本国公司或商业领域提供竞争优势。双方确认，国家和企业不应以非法方式利用技术和商业优势来获取商业利益。

三、中美商贸联委会共识

在2015年12月23日的中美商贸联委会上，双方达成以下共识。

——集成电路发展规划：中方确认集成电路产业发展规划的政策措施同样适用于并提供给外商投资企业。对促进集成电路产业发展的具有法律约束力的政策与措施，中方将按照中国相关法律规定的程序、时限等要求公开征求意见，提高政策透明度。中方承诺国家集成电路产业投资基金由专业基金公司进行管理，实行市场化运作，中国政府不干预基金的正常经营活动。

——标准与知识产权：中方欢迎在华美资企业无歧视地参与中国推荐性国家标准和团体标准制定。

——技术政策：

1. 有利于竞争和非歧视性的信息通信技术安全政策。双方承诺，普遍适用于商业领域的信息通信技术（ICT）产品信息安全措施，不会不必要地限制或阻碍信息通信技术产品、服务或技术（ICT 产品）外国供应商的商业销售机会，或对商业企业购买、销售、使用ICT产品不必要地施加基于国别的条件和限制。

2. 中国信息通信技术安全政策的透明度和清晰度。

(1) 中方确认，《银行业应用安全可控信息技术推进指南》(2014—2015年度) 的修订草案将提供30天的公众评论期，并在修改后实施。在此之前，中方2015年4月13日发布的57号文暂停实施该指南。中方目前正在向关切方征求修订建议。中美两国的银行机构，在符合法律和法规的前提下，可自由根据其选择购买和使用ICT产品，不限定其原产国。

（2）中方已为《保险机构信息化监管规定》提供了超过30天的公众评论期。中方将向世贸组织TBT委员会通报《保险机构信息化监管规定》草案，以公开和透明的方式制定该规定。

（3）中方重申其在2000年3月做出的澄清，纳入《商用密码管理条例》管理范围的“密码产品及含有密码技术的设备”，只限于以加密解密操作为核心功能的专用硬件、软件。

（4）中方确认愿意就信息安全等级保护与美方加强交流对话。

2016年11月，全国人大常委会通过了《中华人民共和国网络安全法》。这是我国网络安全的“基本法”，引起了国内外高度关注。其中，不乏国外一些媒体有意歪曲事实，以此作为攻击中国制造的理由。特别严重的是，即使《网络安全法》已经正式颁布，仍有40余家美国行业协会向我高层领导写信，要求撤销这部法律。本文发表于2016年12月，对国外的误读进行了回击[6]。

——40余家美国行业协会质疑中国《网络安全法》

[6] 原文发表于北京市委宣传部宣讲家网，2016年11月18日，原标题《对〈网络安全法〉的误读可以休矣》，题目和内容有修改。

西方对《网络安全法》的误读和攻击可以休矣

2016 年 11 月 7 日，全国人大常委会高票通过了《网络安全法》。这是具有里程碑意义的重大事件，从此我们维护国家网络安全有了法律武器。在这部法律的起草过程中，国外的反对声不绝于耳。在网络安全这样一个新兴领域，特别是对首部基础性法律，各方面有意见和建议很正常，全国人大也是从谏如流。但当这部法律已然通过，西方媒体的焦点仍停留在对立法目的的恶意猜测上，外企仍蛮横要求中国废止网络安全监管制度时，整个事情的性质就变了。

一、对中国网络安全歪曲报道是国外媒体之能事

2016 年年底，美国大选尘埃落定，擅长报道新闻的美国主流媒体自己也成了新闻。他们在报道真相、反映民意上完败，以如此直白的方式昭示其存在的基本价值正在丧失。这其中有很大的技术原因，反映了互联网时代新的传播规律（这是新闻传播学者们研究的事情）。

但国外媒体在报道中国网络安全时，长期以来顽固地坚持着逢中必反、逢网络政策必喷的信念，在中国早已成为“过街老鼠”，这绝不是技术原因能够解释的。网络安全是一个敏感领域，直接牵涉大国关系，以此攻击中国容易吸引眼球，而且肯定“政治正确”，这才是外媒的真实想法。

某个外媒的中方雇员曾给作者说，其个人也希望在报道涉华网络安全政

策时，不是一边倒地批判，能够有一点中和与平衡的声音，但很遗憾，这个雇员没有见过编辑部给这样的声音留下空间。可以毫不夸张地讲，外媒这些年对中国网络安全政策的报道全部是负面的，中方的“网络空间命运共同体”等重大立场、主张、理念从来都难见诸于外媒版面，反过来西方又说我们“政策不透明”。

然而，实情恐怕比这个还糟。外媒为了达到攻击中国的目的，已经明目张胆地开始编造假新闻。2016 年 4 月 19 日，习近平总书记主持召开网络安全和信息化工作座谈会，讲话全文公开，通篇贯穿了“以人民为中心”的发展思想和开放合作理念。号称对中国网络政策密切关注的某知名外媒，有意把习总书记反对“唯自主论”和“唯引进论”掐头去尾成了习总书记“描述了”“中国的唯自主论政策”，以制造中国政策排外假象。

殊不知，由于语言的原因，美国及其他西方国家很多官员、专家对中国网络安全政策的了解都大多来自这些外媒。2016 年年初，当美国总统奥巴马的网络安全助理兴师动众地前来交涉中方某个所谓的“要求安装侵入式软件”政策时，才发现这不过是美国媒体编造的子虚乌有的假新闻。外媒这么做，除了增加西方国家战略误判的可能性，破坏各国在网络空间“管控分歧”的努力，我们实在看不出美国等西方国家政府能够从中获得什么益处。

当然，传统外媒倒是获得了点击量，短期内是可以获益的。但是，技术上落后，立场上反华，理念上偏激，这一群体在把自己送往历史的垃圾堆。

二、外企折腾为哪般

“外企”在中国曾经是那么光鲜的一个词。你们有着完善的企业管理制度和先进的技术，是我们的“老师”，我们对你们的印象是很好的。

但这个“老师”现在来给我们传什么道，授什么业，解什么惑呢？

当斯诺登曝光出，美国情报机关利用产品单边技术优势监控世界时，你们来告诉我们，你们是大型跨国企业，有良好的商业道德，我们应该无条件地相信你们产品的安全性。

当美国重兵防守关键信息基础设施，同时大规模建设网络战部队，瞄准他国关键信息基础设施时，你们来告诉我们，关键信息基础设施是商用领域，与国家安全无关，不能适用 WTO 的“国家安全例外”，中国在这个领域不能制定自己的网络安全政策。

当美国《爱国者法》一再强化企业对国家反恐活动的监听支持，欧洲电信标准化协会（ETSI）制定了几米高的合法拦截/监听标准时，你们来告诉我们，中国的反恐法不能要求运营商配合政府的反恐和执法监听活动，写三行字都不行，因为这会给企业带来负担。

当美欧共同起草的国际标准《信息技术安全性评估通用准则》要求 4～7 级的信息技术产品要接受源代码安全性评估时，你们来告诉我们，源代码与安全性无关，评估源代码不是国际惯例。

当欧洲制定史上最严格的《通用数据保护条例》，规定含有个人信息的数据只能流向符合欧洲标准的国家，美欧为此签署《隐私盾》时，你们来告诉我们，信息应该是无条件跨境自由流动的，否则就会破坏自由贸易。

网络安全是高技术领域。你们是老师，愿意来说教，我们也愿意听，愿意讨论任何问题。可是，“摆事实、讲道理”这个基本的议事方法是不能丢掉的。也许是知道中国的政策都有充分的科学依据和国际惯例作支撑，你们几次写公开信，都回避具体问题，而是笼而统之批判《网络安全法》阻碍贸易，而且鼓动美国政府在两国最高对话场合施压中国放弃《网络安全法》的制定、堂而皇之地干涉中国内政。

曾有 46 家外国企业团体向李克强总理写信，最近又有 40 多家外国企业团体致函中央网络安全和信息化领导小组，反对《网络安全法》。但这些团体中，很多企业没有一款产品在中国售卖，却对中国的法律指手画脚。我很想知道，你们到底哪款产品在中国受到了“不公正待遇”，受到了比中国产品在国外还多的“不公正待遇”？我还想知道，这些写信的国外团体中，有几个人认真读过了你们所反对的中国《网络安全法》和保监会的信息技术政策？我相信不会超过个位数。

为了反对而反对。对你们而言，反对什么不重要，反对才重要。你们担心中国拿“国产化”排斥国外产品，如果《网络安全法》写了国产化，你们肯定会反对；如果没有写，你们还是要反对，因为你们会认为，《网络安全法》连写都不敢写，一定是要偷偷摸摸干。欲加之罪，何患无辞？

归根结底，你们的诉求就是一个，希望中国放弃网络安全管理，洞开国家安全大门。因为任何中国自己的政策，都会让你们“增加成本”，最好中国政府什么要求都不给你们提，这样你们才最舒服。你们表达出来的种种说辞，无非都在掩饰这个目的。

可是，就算说辞也要漂亮些才好。你们三番五次说，中国维护网络安全的做法，只会让中国的网络更不安全，这未免太荒诞不经。是不是可以理解成这是一种恐吓？

天色已晚，有事说事，没事回家洗洗睡了，用不着你们比中国政府更操心中国的网络安全。

三、《网络安全法》贯彻开放理念，确立了开放环境下维护国家网络安全的基本制度

中国最早在实施网络安全顶层设计时，就把安全与发展、自主与开放作为两大辩证关系予以特别关注。这两对关系之间本身也有密切联系。2003 年，中办 27 号文《国家信息化领导小组关于加强信息安全保障工作的意见》就要求，

正确处理安全与发展的关系，以安全保发展，在发展中求安全。这个政策本身就是反对以断网络、停应用、搞封闭来实现安全。此后，政策层面的认识不断深化。习近平总书记指出，发展是最大安全[7]。中国曾经历了几千年的顺风顺水，但到了近现代却陷入了积贫积弱、任人欺凌百年屈辱史，其根本原因是清政府奉行闭关锁国政策，没有抓住工业革命这一生产力革命的重要机遇，从而错失国家发展机遇。外国人的担心是多余的，我们比任何人更渴望发展，也更渴望安全，我们比任何人都理解开放对国家发展的意义。

习近平总书记多次强调，中国开放的大门不能关上，也不会关上。他指出，新技术只要有利于提高我国社会生产力水平，有利于改善人民生活，我们都不拒绝[8]。他还呼吁，各国应推进互联网领域开放合作，丰富开放内涵，提高开放水平[9]。这些话，都是针对网络问题而言的。特别是，习总书记提出了 5 个“正确的网络安全观”[10]，其中就包含“网络安全是开放的而不是封闭的”。即只有立足开放环境，加强对外交流、合作、互动、博弈，吸收先进技术，网络安全水平才会不断提高。

---

[7] 习近平在亚洲相互协作与信任措施会议第四次峰会上的讲话，2014 年 5 月 21 日。“发展是安全的基础，安全是发展的条件。贫瘠的土地上长不成和平的大树，连天的烽火中结不出发展的硕果。对亚洲大多数国家来说，发展就是最大安全，也是解决地区安全问题的“总钥匙”。”

[8] 习近平在网络安全和信息化工作座谈会上的讲话，新华社，北京 2016 年 4 月 25 日电。“我们不拒绝任何新技术，新技术是人类文明发展的成果，只要有利于提高我国社会生产力水平、有利于改善人民生活，我们都不拒绝。”

[9] 习近平在第二届世界互联网大会开幕式上的讲话，2015 年 12 月 16 日。“各国应该推进互联网领域开放合作，丰富开放内涵，提高开放水平，搭建更多沟通合作平台，创造更多利益契合点、合作增长点、共赢新亮点，推动彼此在网络空间优势互补、共同发展，让更多国家和人民搭乘信息时代的快车、共享互联网发展成果。”

[10] 习近平在网络安全和信息化工作座谈会上的讲话，新华社，北京，2016 年 4 月 25 日电。“网络安全是开放的而不是封闭的。只有立足开放环境，加强对外交流、合作、互动、博弈，吸收先进技术，网络安全水平才会不断提高。”

因此，中国的网络安全政策从来没有把封闭和排斥国外作为选项。《网络安全法》贯彻开放理念，一是立法将开展国际交流与合作作为网络安全工作的重要方面，将“开放、合作”的网络空间作为重要的目标指向；二是在关键信息基础设施保护、个人信息保护、网络安全应急处置等制度设计上充分借鉴国际惯例，可以说，《网络安全法》中没有哪项制度是独创和没有国际最佳实践先例的；三是确立了国家网络安全审查制度，目的是在开放环境中安全地使用国内、国外的先进技术，构筑维护国家安全的基础屏障。

经济全球化发展，使得任何一个国家都不能只使用自己的产品和技术。网络安全审查制度不是排斥国外，而是要求在关键信息基础设施中使用的重要信息技术产品能够安全可控。国外媒体曾报道，这个“安全可控”就是政府要获得密钥和源代码，要能够随时“侵入”系统，这完全是信口开河、胡说八道。“安全可控”是从用户角度而言的，实质是指“自己用的产品自己能够做主，而不是让厂商做主”。怎么自己做主呢：一是自己的信息不能让别人想拿就拿走，二是自己的系统不能让别人想控就控制，三是厂商不能依靠用户对产品的依赖而威胁用户对产品的自主权、选择权，甚至要挟用户。这三个方面，没有一个以产品的国别为标准。无论是国内还是国外产品，都应履行这一基本义务。

在网络安全问题上，关于自主与开放是一个挑动国人神经的话题，各类观点和文章很多。外媒、外企和外国政府有可能会基于不同信息源而做出错误判断。但至少，官方对这个问题的表态是非常明确、详细的，也是一贯的。

但是，当好话说尽，当一切开放合作的善意都被当成耳旁风，当中国市场依然是某些外国企业在全球最赚钱的地方时，一封号称 40 多家外国企业团体联署的信又不期而至了。这似乎宣告，再讲什么也是多余了。

因为，谁也叫不醒一个装睡的人。

❀扩展阅读：

中华人民共和国网络安全法

（全文阅读请扫二维码）

技术发展篇

2016 年 4 月 19 日，习近平总书记主持召开网络安全和信息化工作座谈会，对网信事业发展提出了一系列重大论断和重要思想。其中，总书记系统阐述了什么是网信核心技术，怎样突破核心技术等命题，廓清了长期以来困扰网信事业发展的一些疑难问题和错误认识。本文发表于 2016 年 4 月，针对总书记重要讲话中提到的“尽快在核心技术上取得突破”进行了解读[1]。

——习近平总书记主持召开网络安全和信息化工作座谈会，对突破核心提出具体要求

[1] 原文发表于文汇报，2016 年 4 月 28 日，原标题《要把冲锋号集合号都吹起来》。

集合起来再冲锋

习近平总书记在网络安全和信息化工作座谈会上深刻指出，核心技术是我们最大的“命门”，核心技术受制于人是我们最大的隐患。美国制裁中兴事件，充分印证了总书记的论断：一个互联网企业即便规模再大、市值再高，如果核心元器件严重依赖外国，供应链的“命门”掌握在别人手里，那就好比在别人的墙基上砌房子，再大再漂亮也可能经不起风雨，甚至会不堪一击[2]。

通过一代又一代人的艰苦努力，我国目前已建立起较为完整的电子信息技术产业体系。但在经济全球化的今天，我们在前行中遇到了很多困惑：与国外相比，核心技术的差距究竟是缩小了还是拉大了？我们受制于人的局面没有根本改变，为什么还有一些人认为我们已经接近世界水平？核心技术买不来，而闭门造车又难如登天，自主创新的道路究竟该怎样走？我们在 CPU、操作系统等单品上早就有了自己的东西，为什么应用瓶颈很难突破，真的就是因为国产设备水平低吗？

这些困惑反映出，当前我国核心技术攻关遇到一些重大方向问题、路线问题，如不及早解决，很可能对网信事业长远发展造成严重制约。正是在这样一个关键时刻，习近平总书记提出了关于突破核心技术的一系列重大论断，廓清了长期以来存在的很多模糊认识。

---

[2] 习近平在网络安全和信息化工作座谈会上的讲话，新华社，北京，2016 年 4 月 25 日电。

一、核心技术分为 3 类，分类突破是关键

以前围绕核心技术的种种争论，有很多来自对核心技术的不同理解。讨论的对象不一样，结论自然也大相径庭。习总书记指出，核心技术分为 3 类，一是基础技术、通用技术；二是非对称技术、“杀手锏”技术；三是前沿技术、颠覆性技术[3]。3 类技术的内容不一样，现有基础不一样，目的作用不一样，突破路径也不一样。

基础、通用技术是共性技术，如 CPU、操作系统等，对产业发展至关重要，但难度大，且我们基础薄弱，需要长期投入、不懈攻关，最终必须强。非对称、“杀手锏”技术源于网络安全“易攻难守”的非对称特点，我们不必要把这类技术全部掌握，也不必要整体实力比对手强，但求“一招制敌”即可，这是在大国博弈中实现战略制衡的有效手段，是我们网络威慑能力的核心。前沿、颠覆性技术是新兴技术领域，如云计算、大数据、量子计算等，我们基本同国外处在同一条起跑线上，短时间内有望从跟跑到并跑，最终实现领跑。这是几十年来我国首次明确核心技术的范围，具有重大战略意义。

二、基于开放环境维护国家网络安全，安全可控是核心

关于如何突破核心技术，目前国内存在两种观点，要么只强调自主，要么只强调开放。但现代信息技术已经十分复杂，特别是对基础、通用技术而言，关起门来搞研发，有可能越落越远。但我们花钱买不到核心技术，这也是不争的事实，而且一些国外企业正在向我们输出过时技术，并借此穿上“红马甲”。这两种对立观点水火不容，往往都在片面引用总书记的话作为论战武器。甚至

---

[3] 习近平在网络安全和信息化工作座谈会上的讲话，新华社，北京，2016 年 4 月 25 日电。

一些人搞“政治挂帅”，“宁要社会主义草，不要资本主义苗”又有抬头，产业界思想十分混乱，内耗非常严重。一些部门、地方赶时髦，纷纷仓促上马不同路线的自主核心技术项目，可能造成重大资源浪费。此情此景，使一些老专家心急如焚：我们已经到了重要的十字路口。

习总书记着眼世界大势，运用马克思主义辩证法，对这个问题给出了清晰答案：自主和开放绝不是非此即彼的关系，必须走自主路线，但不能闭门造车，不能单打独斗，而要利用全世界的优秀资源。一些专家学者认为，总书记已经指出了“核心技术买不来，市场换不来”，信息领域核心技术很难通过引进消化吸收实现突破。但这并非事情的全部。“核心技术”是个抽象的概念，其纵向由基础理论到设计生产，最终到运行和服务，横向则受到产业链的制约，单纯说通过自主或引进消化吸收来突破核心技术是没有意义的。要将核心技术从基础理论到设计开发、生产工艺以至服务，全部掰开了、揉碎了，分清楚哪一部分可以排除安全隐患，哪一部分必须安全可控，哪一部分可以引进消化吸收再创新，哪一部分可以同别人合作开发，哪一部分必须依靠自己的力量。一个很简单的例子是，CPU 是核心技术，必须自主创新，但 CPU 作为一种半导体器件，其原料可以追溯到沙子（硅元素），难道用了美国的沙子就会出事吗？

在短时期不能突破核心技术的情况下，我们还要用国外的产品，这也必须确保其可控。不是国外产品不能用，而是不可控不能用。即使将来我们突破了核心技术，也不可能拒绝国外先进产品，可控依然是我们把握的关键。

三、生态系统是产业竞争的关键，协同攻关是出路

当今世界，核心技术的竞争不再围绕一个个产品而展开，而是信息技术生态系统的竞争。国外企业正是牢牢掌控了生态系统，才使产业链上下游的企业无不趋之若鹜，不得不被垄断企业牵着鼻子走。习总书记在座谈会上提到了“文

泰来”联盟，即微软和英特尔结成的“wintel”联盟[4]。这个联盟不仅仅是强强联合那么简单，而是基础软件和基础硬件紧密适配，针对对方的技术特点作专门设计，例如操作系统要去调用芯片的指令集，从而使双方的产品性能实现最优化。而在微软操作系统、英特尔芯片这个基础平台上运行的应用系统，又要与操作系统、芯片相适配，在 wintel 平台上进行开发，这就是生态系统。

在国家“核高基”等专项的支持下，我们的确实现了操作系统、CPU 的突破，但往往很多是习总书记所说的“技术报告、科研论文、实验室样品”，无法进行实际应用，这是目前的大问题。究其原因，不是因为我们的科学家不努力，也不是因为我们的技术不行，而是我们的操作系统可能在英特尔芯片上跑不好、很难用，而基于 wintel 平台开发的应用系统，则更难以在我们自己的 CPU、操作系统上运行起来。一些人主张“去 IOE”，这绝非换个设备那么简单。习总书记深刻指出，核心技术不能脱离它的产业链、价值链、生态系统[5]。

几十年来，国外主要就一个 wintel 联盟，近年来安卓等移动操作系统异军突起，正在形成新的联盟。我们国家走了弯路，以前在部署核心技术攻关时，较少考虑单品之间的适配。而且为了鼓励竞争，支持了多个 CPU 和操作系统品牌。假如我们有 7 款 CPU，4 款操作系统，那么我们理论上我们就要建立 28 套生态系统，这在全世界都是一个笑话。近年来，国家建立了基础软硬件联合攻关基地，就是为了解决这个问题，国产化应用取得了重要进展。但目前国内的操作系统和 CPU 依然是“群雄逐鹿”的局面，生态系统的问题没有得到根本

---

[4] 习近平在网络安全和信息化工作座谈会上的讲话，新华社，北京，2016 年 4 月 25 日电。“我们同国际先进水平在核心技术上差距悬殊，一个很突出的原因，是我们的骨干企业没有像微软、英特尔、谷歌、苹果那样形成协同效应。美国有个所谓的“文泰来”联盟，微软的视窗操作系统只配对英特尔的芯片。在核心技术研发上，强强联合比单打独斗效果要好，要在这方面拿出些办法来，彻底摆脱部门利益和门户之见的束缚。”

[5] 习近平在网络安全和信息化工作座谈会上的讲话，新华社，北京，2016 年 4 月 25 日电。“核心技术脱离了它的产业链、价值链、生态系统，上下游不衔接，就可能白忙活一场。”

解决。习总书记要求“不仅要把冲锋号吹起来，而且要把集合号吹起来”，别有深意。

一个大国的领导人，亲自主持召开座谈会，表现了对这个领域的高度重视。领导人对这个专业领域的技术问题又抽丝剥茧，做出精确论述，感动之余，更使人增强了对这个事业的信心，对这个国家的信心。围绕自主可控的一系列争论可以休矣，重要的是行动起来。日日行，不怕千万里；常常做，不怕千万事。

扩展阅读：

习近平总书记在网络安全和信息化工作座谈会上的讲话

（全文阅读请扫二维码）

2016 年 10 月 9 日，习近平总书记在主持学习时强调，加快推进网络信息技术自主创新，朝着建设网络强国目标不懈努力。习总书记还指出，要“加快推进国产自主可控替代计划”。社会上对总书记关于自主创新的重要指示精神开展了热烈讨论。但其中有一些人认为这就是要走排斥国外、再次闭关的路子。本文发表于 2016 年 10 月，对社会上的一些争论作了回应，对如何正确理解总书记重要讲话精神提出了建议[6]。

——习近平总书记在中央政治局集体学习时强调，
突破核心技术要正确处理开放和自主的关系

[6] 原文发表于光明网，2016 年 10 月 27 日，原标题《以开放心态实施自主创新》，内容有修改。

以开放心态实施网信技术自主创新
——也谈自主创新与网络强国战略

2016 年 10 月 9 日，中共中央政治局就实施网络强国战略进行第三十六次集体学习。习近平总书记在主持学习时强调，加快推进网络信息技术自主创新，朝着建设网络强国目标不懈努力。没有自主创新，何谈网络强国。这是总书记又一次对这一重大命题提出要求。在此之前，无论是在中央网信小组全体会议上，还是在网信工作座谈会上，总书记也多次强调该问题。应该说，对自主创新重要性的认识，各方面已经形成了高度共识。但什么是自主创新？如何实现自主创新？尽管总书记在网信工作座谈会上已经给出了答案，但在实践中还是有一些不同的认识。

总书记在此次政治局集体学习时指出，要正确处理开放和自主的关系。这是网信核心技术攻关中一个急需正视的问题，其核心就是以开放心态实施自主创新。

一、以开放心态实施自主创新，就要以“四个哪些”为根本遵循

在开放还是自主的问题上，一直以来存在两种观点：一种观点认为，要关起门来，另起炉灶，彻底摆脱对外国技术的依赖，靠自主创新谋发展，否则总跟在别人后面跑，永远追不上；另一种观点认为，要开放创新，站在巨人肩膀上发展自己的技术，不然也追不上。总书记指出，这两种观点都有一定道理，

但也都绝对了一些，没有辩证看待问题。一方面，核心技术是国之重器，最关键最核心的技术要立足自主创新、自立自强。市场换不来核心技术，有钱也买不来核心技术，必须靠自己研发、自己发展。另一方面，我们强调自主创新，不是关起门来搞研发，一定要坚持开放创新，只有跟高手过招才知道差距，不能夜郎自大[7]。

那么，怎样做到“辩证看待问题”？关键就是要把握好“四个哪些”。总书记对此给出了非常明确的阐述：要搞清楚哪些是可以引进但必须安全可控的，哪些是可以引进消化吸收再创新的，哪些是可以同别人合作开发的，哪些是必须依靠自己的力量自主创新的。因此，该合作的就要大胆合作，该严把安全关的也不能丝毫放松。但“四个哪些”不是对技术的分类，对任何一项核心技术的突破路径而言，这绝不是同国外合作或不合作那么简单，因为“四个哪些”涉及了核心技术攻关的不同环节，而不是针对整体技术的分类。

总书记的重要讲话还揭示了最近一个“热词”——安全可控的深刻内涵。无论在国外还是国内，很多人认为安全可控就是国产化，就是用自己的东西。学习总书记讲话可知，“可以引进但必须安全可控”是这个词的背景。其实质要求是，自己使用的东西自己要清楚、自己要能做主，而不是别人说了算。例如，我们使用的产品究竟有哪些功能，在向外传送哪些数据？用户如果不知道，那就不是安全可控的，这应该成为用户的一种基本权利。

二、以开放心态实施自主创新，就要按游戏规则办事

世界大势，浩浩荡荡，信息流带动的是资金流、人才流、技术流的全球流

[7] 习近平在网络安全和信息化工作座谈会上的讲话，新华社，北京，2016 年 4 月 25 日电。

动。“丛林法则”虽时有作祟，但制约国际政治、经济活动的首先还是规则，更何况我们在“丛林法则”中并不能占到便宜。但无视规则似乎成了国内很多人搞自主创新时的“通病”。一些人以网络安全属于国家安全，因而属于 WTO 规则的“例外”为由，片面强调自主，简单地反对国际合作，甚至主张以粗暴手段赶走国外企业。

但我们真的能无视规则吗？2015 年 9 月，习主席访美成果清单公布，第 11 项内容是：双方承诺，用以在商业领域加强信息通信技术网络安全的一般适用措施，应符合世贸组织协定，仅用于小范围，考虑国际规范，非歧视，且不对商业机构在相关产品的购买、销售或使用方面不必要地设置基于国别的条件或限制。2015 年 12 月 23 日，中国商务部宣布，在广州召开的中美商贸联委会上双方达成以下共识：双方承诺，普遍适用于商业领域的信息通信技术（ICT）产品信息安全措施，不会不必要地限制或阻碍信息通信技术产品、服务或技术（ICT 产品）外国供应商的商业销售机会，或对商业企业购买、销售、使用 ICT 产品不必要地施加基于国别的条件和限制。

以上信息是公开的，但国内很多专家却选择性盲视。其结果是，民族主义大行其道，国际压力则让中央去承担，这至少是不负责任的。

事实上，网络安全既有国家安全的部分，也涉及公共安全、个人安全，因此不能全部适用于 WTO 的国家安全例外。一些人还质疑，美国多次限制中企，为什么他就可以违背 WTO 规则。就美外国投资审查制度而言，这是美国钻了规则的漏洞（WTO 规则只涉及货物和服务贸易，不涉及投资）。总之，在国家安全例外的适用问题上，各国之间正在开展激烈博弈，绝非我政府部门在无原则地让步。

当然，目前很多国际规则并不利于我们，所以十八届五中全会才提出，要提升在全球经济治理中的制度性话语权。但在努力引导规则制定的同时，我们首先要适应规则，只有与狼共舞，才能逐鹿全球。

三、以开放心态实施自主创新，就要防止将“国产替代”与排斥国外划等号

在中央政治局集体学习时，总书记提出“加快推进国产自主可控替代计划”。不能认为这是中央改变了“中国开放的大门不能关上，也不会关上”的承诺，也不是要调整国家的网络安全政策。如何理解这一要求，可以从三个方面去把握。

首先，我国的“自主创新”从来都是科技政策范畴的问题，而不是贸易政策范畴的问题。美国难道不搞创新吗？如果创新成果不是自己的，能叫创新吗？国内外一些人对中国的“自主创新”十分敏感，猜度很多，这完全没有必要。

其次，“替代”不是通用领域的替代，而是在涉及国家安全的领域积极使用国产产品，这正是 WTO 规则所说的“国家安全例外”。斯诺登曝出的“棱镜计划”显示，美国正是利用其“一家独大”的信息技术优势，通过美企产品在他国重要核心部门的广泛渗透，从而获取他国的敏感重要信息，甚至控制他国系统，对此必须加以防范。事实上，我们目前并不具备大范围替代国外产品的能力。即使将来我们的国产产品达到了与国外同等的水平，也不可能不使用国外产品，美国今天也没有做到只使用自己的产品，今后必然是你中有我、我中有你的状态。

再次，“替代”是要通过应用带动国产产品的不断成熟，这是核心技术攻关的必经阶段，而不是排他性的政策目标。其要点是加大国产产品应用，而目前我们使用的产品特别是基础性软硬件基本都是国外产品，其中自然会涉及“替代”问题。但这本身不是非此即彼的逻辑，是要给国产产品提供发展空间，而不是挤压国外产品的生存空间。总书记指出，技术要发展，必须要使用；如果

大家都不用，就是报一个课题完成报告，然后束之高阁，那永远发展不起来[8]。

胸呼何止四大洲，神光往来鞭赤虬。距离魏源“睁开眼睛看世界”已经过去170余年了，历史不能再回到原点，今天的我们需要以更加开放的心态谋划网信技术自主创新，而不是囿于自己的天地闭门造车。总书记“网络强国”战略思想已经指明了核心技术突破的重点、方向、途径和方法，后面就是理清思路、脚踏实地去干。

❀扩展阅读：

中共中央政治局就实施网络强国战略进行第三十六次集体学习

新华社北京10月9日电 中共中央政治局10月9日下午就实施网络强国战略进行第三十六次集体学习。中共中央总书记习近平在主持学习时强调，加快推进网络信息技术自主创新，加快数字经济对经济发展的推动，加快提高网络管理水平，加快增强网络空间安全防御能力，加快用网络信息技术推进社会治理，加快提升我国对网络空间的国际话语权和规则制定权，朝着建设网络强国目标不懈努力。

清华大学微电子与纳电子学系主任、微电子学研究所所长魏少军教授就这个问题进行讲解，并谈了意见和建议。

中共中央政治局各位同志认真听取了讲解，并就有关问题进行了讨论。

习近平在主持学习时发表了讲话。他指出，当今世界，网络信息技术日

---

[8] 习近平在网络安全和信息化工作座谈会上的讲话，新华社，北京，2016年4月25日电。“科研和经济不能搞成“两张皮”，要着力推进核心技术成果转化和产业化。经过一定范围论证，该用的就要用。我们自己推出的新技术新产品，在应用中出现一些问题是自然的。可以在用的过程中继续改进，不断提高质量。如果大家都不用，就是报一个课题完成报告，然后束之高阁，那永远发展不起来。”

新月异，全面融入社会生产生活，深刻改变着全球经济格局、利益格局、安全格局。世界主要国家都把互联网作为经济发展、技术创新的重点，把互联网作为谋求竞争新优势的战略方向。虽然我国网络信息技术和网络安全保障取得了不小成绩，但同世界先进水平相比还有很大差距。我们要统一思想、提高认识，加强战略规划和统筹，加快推进各项工作。

习近平强调，网络信息技术是全球研发投入最集中、创新最活跃、应用最广泛、辐射带动作用最大的技术创新领域，是全球技术创新的竞争高地。我们要顺应这一趋势，大力发展核心技术，加强关键信息基础设施安全保障，完善网络治理体系。要紧紧牵住核心技术自主创新这个“牛鼻子”，抓紧突破网络发展的前沿技术和具有国际竞争力的关键核心技术，加快推进国产自主可控替代计划，构建安全可控的信息技术体系。要改革科技研发投入产出机制和科研成果转化机制，实施网络信息领域核心技术设备攻坚战略，推动高性能计算、移动通信、量子通信、核心芯片、操作系统等研发和应用取得重大突破。

习近平强调，世界经济加速向以网络信息技术产业为重要内容的经济活动转变。我们要把握这一历史契机，以信息化培育新动能，用新动能推动新发展。要加大投入，加强信息基础设施建设，推动互联网和实体经济深度融合，加快传统产业数字化、智能化，做大做强数字经济，拓展经济发展新空间。

习近平指出，互联网新技术新应用不断发展，使互联网的社会动员功能日益增强。要传播正能量，提升传播力和引导力。要严密防范网络犯罪特别是新型网络犯罪，维护人民群众利益和社会和谐稳定。要发挥网络传播互动、体验、分享的优势，听民意、惠民生、解民忧，凝聚社会共识。网上网下要同心聚力、齐抓共管，形成共同防范社会风险、共同构筑同心圆的良好局面。要维护网络空间安全以及网络数据的完整性、安全性、可靠性，提高维护网络空间安全能力。

习近平指出，随着互联网特别是移动互联网发展，社会治理模式正在从单向管理转向双向互动，从线下转向线上线下融合，从单纯的政府监管向更加注重社会协同治理转变。我们要深刻认识互联网在国家管理和社会治理中的作用，以推行电子政务、建设新型智慧城市等为抓手，以数据集中和共享为途径，建设全国一体化的国家大数据中心，推进技术融合、业务融合、数据融合，实现跨层级、跨地域、跨系统、跨部门、跨业务的协同管理和服务。要强化互联网思维，利用互联网扁平化、交互式、快捷性优势，推进政府决策科学化、社会治理精准化、公共服务高效化，用信息化手段更好感知社会态势、畅通沟通渠道、辅助决策施政。

习近平强调，要理直气壮维护我国网络空间主权，明确宣示我们的主张。现在，各级领导干部特别是高级干部，如果不懂互联网、不善于运用互联网，就无法有效开展工作。各级领导干部要学网、懂网、用网，积极谋划、推动、引导互联网发展。要正确处理安全和发展、开放和自主、管理和服务的关系，不断提高对互联网规律的把握能力，对网络舆论的引导能力，对信息化发展的驾驭能力，对网络安全的保障能力，把网络强国建设不断推向前进。

2013年12月20日，习近平总书记对工程院的一份报告做出重要批示，涉及如何突破核心技术等重大问题。2016年2月，中央文献出版社出版的《习近平关于科技创新重要论述摘编》中首次公开了习近平总书记12·20重要批示的内容。本文发表于2014年11月，对如何落实习近平总书记重要批示进行了战略思考。特别是，对如何"明确时间表""选准突破点""协同攻关""发扬'两弹一星'和载人航天精神"等提出了建议[9]。

——习近平总书记对工程院的一份报告做出重要批示

[9] 原文发表于《信息安全与通信保密》，2014年11月。

我国安全可靠信息技术产业发展的几个战略问题

产业是国家网络安全保障体系的重要一环。前些年，我们更多地关注了信息安全产业的发展，这对保障国家网络安全不可或缺，但并不足以解决我国网络安全受制于人的关键问题。安全可靠信息技术产业是国家网络安全的物质基础，没有安全可靠的信息技术产品，就不能从本质上保证信息系统的安全，更不能排除系统被人远程控制的风险。但由于历史的原因，我国安全可靠信息技术产业发展十分缓慢，与国家网络安全需求严重不相适应。在下决心发展这个产业时，有必要对若干战略问题进行研究和思考。

一、发展安全可靠信息技术产业，必须打造安全可靠信息技术生态系统

当前，信息技术产业领域控制与反控制的斗争已经表现为生态系统的竞争。发展安全可靠信息技术产业，绝不是用某个安全可靠的信息技术产品替换某个不安全的产品。安全可靠信息技术产业的基础是安全可靠的基础软硬件，特别是操作系统和 CPU，而操作系统和 CPU 形成了生态系统的核心，任何产品必须依附于这个生态系统。微软和英特尔的 Wintel 联盟垄断桌面终端市场长达 20 多年，占据桌面终端 80%以上的市场份额。如果不构建自己的生态环境，我们开发的产品在 Wintel 生态环境下可能无法使用，也得不到上下游产品的支持。

值得注意的是，以移动智能终端操作系统为核心的产业生态系统快速发展，正在打破原有终端生态系统的垄断局面。移动互联网作为硬件、软件、互联网、通信、内容服务等产业融合的载体，拓展了广大用户的应用需求和市场空间，引发了全球信息产业的新一轮深刻变革。而移动智能终端操作系统作为智能终端、产业应用和服务的基础，受到各国政府和 IT 企业的高度重视，应用领域从智能手机、平板电脑逐步扩展到智能电视、车载信息系统等终端，移动操作系统与桌面操作系统融合发展，各种终端除屏幕除大小和交互方式不同外，功能趋于一致。由此导致 Wintel 在终端领域的长期垄断局面正在被打破，谷歌的安卓操作系统、苹果 iOS 操作系统占据移动智能终端操作系统的垄断地位，取得了移动互联网产业竞争的主导权，微软正力图打造 Windows Phone 操作系统以求破局，并图谋通过研发适用于云计算应用的操作系统形成新的垄断。

现在很多人有一种认识，认为在生态系统的建设上，CPU 是牵引，操作系统等基础软件影响向 CPU 靠拢。在国家的一些大型科技项目中，也减弱了对基础软件的支持。这在战略上可能会失误。从技术层面看，随着技术发展，CPU 已不再对操作系统形成制约，但 CPU 功能的发挥必需有操作系统的协同。不同体系架构的 CPU 都有自己的指令集和计算资源，CPU 依靠指令进行计算和控制系统。应用程序要在 CPU 的指令集上运行，首先需要有支持 CPU 指令集的操作系统版本。目前，基于开源技术的操作系统可支持多种指令集，运行在多种主流 CPU 体系架构上，如基于 Linux 的操作系统可运行在 ARM、X86、Alpha APX、PowerPC、Mips 及 Sparc 上，Ubuntu/Red Hat 可运行于 X86 电脑上，Android 可运行于 ARM 架构的智能手机上。但操作系统相对独立，不同体系架构 CPU 对操作系统的运行已不会形成制约，而 CPU 效率的发挥，例如将 CPU 真正合理地分配给每个任务等，需要操作系统的协同配合才能得以实现。

二、发展安全可靠信息技术产业，必须找准突破点

安全可靠信息技术产业包含的内容很多，难以一蹴而就，短时间内也不可能在每个方向上都投入精力。必须集中资源、联合攻关。这就需要找打安全可靠信息技术产业的突破点。

“突破点”应符合以下五个特征：一是在信息技术领域属于核心技术；二是目前受制于人，急需解决；三是需要集中资源，通过联合攻关进行突破；四是一旦突破，就可以点带面，继而对整体信息产业发挥整体推进作用；五是对国家安全和长远发展至关重要。

操作系统符合“突破点”的五个特征。一是，操作系统是信息系统的最核心组件，CPU、数据库、办公软件、中间件、应用软件等需要与之进行深度融合，在信息技术领域属于核心技术；二是，当前国家党政军和重要信息系统中的操作系统受制于国外，安全风险极大，急需解决；三是，国内自主操作系统研发主要基于开源技术，采取“撒胡椒面”或低水平重复资助方式，同时，企业规模小、技术水平低、专业人才匮乏，依靠单个企业力量根本无法突破操作系统内核等技术，打破国外操作系统的垄断，必须集中资源，通过联合攻关方能实现突破；四是，操作系统是产业生态系统的核心，自主操作系统的突破可以以点带面，带动自主CPU、数据库、办公软件、中间件和应用软件的应用发展，进而建立自主可控产业生态系统，推动产业发展和应用；五是，操作系统事关国家安全和长远发展，操作系统安全是保障信息系统安全的重要阵地和最后一道防线，使用国外一些不安全的操作系统会带来大量无法掌控的安全风险，操作系统已成为扼住我国自主可控咽喉的重大问题。

操作系统种类繁多，包括桌面操作系统、移动智能终端操作系统、嵌入式操作系统、服务器操作系统等。目前，浪潮、曙光、华为、联想等国产服务器

的竞争力快速提升，国内市场份额增加，基于 Linux 的国产服务器操作系统的兼容性、负载能力、可靠度和安全性均大幅提高，适用于云计算应用的服务器操作系统也日渐成熟并部署应用，在国家党政军和重要信息系统安全方面发挥了重要作用。但在面向应用的操作系统（桌面操作系统、移动智能终端操作系统和嵌入式操作系统）领域，操作系统内核等核心技术尚未完全掌握，市场被国外产品垄断，需要集中资源实现重点突破。

需要注意，数据库和办公软件等不是战略意义上的“突破点”。目前，我国完全自主研发的多款数据库产品已经推出市场并得到应用，其自身性能表现已与国外差距不大；WPS 等办公软件已经成熟并在国家党政军办公系统中得到大量应用。此外，数据库、办公软件不是产业生态系统的核心，需要与操作系统、CPU 进行适配方能应用，当前主要因为没有自主操作系统环境及国外对产业生态环境严格把控，才致使自主数据库、办公软件难以立刻替换国外产品，未能得到充分应用。因此，数据库、办公软件不具备基软件核心技术设备“突破点”应符合的五个特征。

三、发展安全可靠信息技术产业，必须坚持开源路线

我国自主操作系统技术基础和应用需求决定了必须基于开源技术进行突破。经过 20 多年的攻关，我国在操作系统等基础软件关键技术上有相当的积累和储备，但这些技术产品积累主要是基于开源 Linux 取得的突破，如以中标麒麟、中科红旗、中科方德等为代表的操作系统产品。我们要实现操作系统的自主研发和创新突破，不能封闭起来搞安全，而是要充分继承和发展。从继承的角度，需要选择开源作为技术路线，充分利用和继承我国当前在操作系统、数据库等领域基于开源技术成果取得的技术积累，目前也来不及，而且也没必要重新编码形成一套完全创新的操作系统，开源依然是自主操作系统突破路线的

现实选择。从发展的角度，利用开源技术也是当前多数跨国 IT 企业的战略选择，谷歌、英特尔、苹果等跨国公司持续投入了大量的人力、财力，推动开源技术的发展和应用，以期进一步巩固其产业地位。

但吸收我国前些年以开源路线发展自主操作系统的路线的经验，目前要突出“一有”和“五可”的战略思想。即，自主操作系统不仅要拥有自主知识产权（一有），还应具备“可知、可编、可重构、可信、可用”（五可）等特征。

“一有”是指要对最终的自主操作系统拥有自主知识产权，并处理好所使用的开源技术的知识产权问题。开源技术要受到 GPL 协议的约束，目前我国现有基于开源的操作系统尚未遇到知识产权方面的明显纠纷，但这仅仅因为这些系统尚无规模应用，一旦我自主操作系统形成气候，必然会面临这方面的挑战，我们应及早谋划应对。

“可知”是指对基于开源技术的操作系统应完全掌握其源代码，对未知代码可控制其行为。

“可编”是指要做到操作系统的可编译、可验证，不仅完全自主编写代码，还拥有配套的开发平台、编译工具等。

“可重构”是指面向具体的应用场景和安全需求，应能对基于开源技术的操作系统代码进行重构，形成定制化的新的体系结构。

“可信”是指应通过可信计算技术增强自主操作系统免疫性，防范自主操作系统中的漏洞影响系统安全性。

“可用”是指应做好应用程序与操作系统的适配工作，确保原有应用程序等自动迁移到自主操作系统平台。

四、发展安全可靠信息技术产业，必须以可信计算作安全保障

关于自主与安全的关系，可以概括为“自主不一定安全，但不自主一定不安全”。国外产品经过全世界用户的使用，由全球技术人员对其进行优化提升和提供安全补丁，其成熟度和安全性大大增强，出现漏洞的可能性远低于国产产品。相比之下，自主产品由于应用少，生态系统不健全，产品成熟度低，可能存在更多漏洞，只是可以排除预设后门的可能。

信息系统不安全的根源是 PC 结构的简化，对系统中的进程、程序没有校验，导致可执行程序、进程在非授权情况下任意执行，实施恶意行为，而传统的防火墙、防病毒、IDS，都是以外围封堵、事后升级病毒代码库为主，不能主动防御、积极防御。可信计算通过在硬件上引入可信芯片，从结构上解决个人计算机体系结构简化带来的脆弱性问题，从平台加电开始，到应用程序的执行，构建完整的信任链，一级认证一级，一级信任一级，未获认证的程序不能执行，从而使信息系统实现自身免疫。此外，可信计算可有效解决安全机制的被旁路和篡改的问题，使系统具备相当的防渗透能力，能够用于构建国家党政军和重要信息系统等的安全防护体系，是构建积极防御、综合防范的信息安全体系的关键基础。

可信计算相当于免疫系统，它通过白名单机制，与信息系统结合，解决了 PC 机、互联网、工业控制系统等在安全方面的先天不足，改变了传统的“封堵查杀”等信息安全“被动应对”的防护模式，形成“主动防御”能力，实现“进不来、拿不走、改不了、看不懂、赖不掉”的安全效果。可信计算可通过静态度量和信任链传递机制，阻止计算机系统中非授权程序或代码的启动执行，实现对未知病毒、未知木马等各类恶意软件的事前防御。基于动态度量机制，可信计算平台对系统的运行过程进行实时度量，判定系统、进程当前是否可信，即便系统存在未知漏洞或缺陷，仍可以有效阻止恶意破坏行为发生，从根本上解决了针对系统漏洞、缺陷等实施的渗透攻击带来的安全问题。

因此，我国安全可靠信息技术产业必须采取自主可控和安全可信并举的技术路线，推进可信计算，实现全过程可信管理和主动免疫。以此构筑信息系统的安全屏障，确保即使系统存在安全漏洞，但攻击者无法利用漏洞达到窃取数据或瘫痪系统的目的。

五、发展安全可靠信息技术产业，必须实施组织模式创新

发展安全可靠信息技术产业并不是新问题，我国此前历经多年投入，但效果并不理想。应吸取以前的经验教训，着重在组织模式上实现创新。

首先，项目资金等必须由“撒胡椒面”式的国家支持改为资源集中投入，形成合力，避免在操作系统的研发上再次出现“烟囱”局面。在这个问题上，不能简单地鼓励竞争，不能抱着“鸡蛋不放在同一篮子里”的思想同时支持多个品牌。这不但带来资源浪费，更不利于构建生态环境。在步骤上，要分阶段、分步骤实施，在先行建立办公应用系统国产化替代产业支撑能力的基础上，再解决生产型大型应用系统的国产化问题，并逐步推广到云计算、物联网、移动互联网、大数据、智慧城市等新技术领域。重点要做好以下工作：一是研发形成一套自主操作系统及相应的开发平台、编译工具、测试工具等；二是基于虚拟技术建立对原有应用程序的国产化迁移环境；三是建立仿真环境，开展自主操作系统与自主 CPU、数据库、办公软件、中间件、应用软件等的深度适配，不断优化自主产品体系；四是先期在党政军办公系统中开展大范围试点示范，待成熟后在重点行业进行推广，并进行大型应用系统的适配和迁移。

其次，要以产业联盟为抓手，真正实现企业为核心、产学研用紧密结合。这个问题也喊了多年，关键是联合会战缺少黏合剂。需要采用新的产业发展资源组织模式，以应用需求为牵引，以企业为创新主体，通过成立优势互补、责任共担、利益共享的产业联盟等开展技术联合攻关，在消化引进再创新的基础上实现原始创新，突破产业技术瓶颈，逐步建立技术创新和产业应用协同环境。

有必要参照“两弹一星”和“载人航天”系统工程组织模式，设立职责明确、运行高效的行政指挥线和技术指挥线，两条线合作但相对独立。行政指挥线负责建立组织保障，整合产业资源，确保重大决策落实；技术指挥线负责制定产业发展规划和技术发展路线，为国家有关政策制定、重大科技专项实施等提供决策咨询建议，并着力发挥技术权威在重大技术问题上的决定性作用。

再次，要由国家投入改为以国家投资为牵引，建立投融资平台。国家加强统一领导协调和顶层战略设计，统筹产业发展布局，协同国家安全和企业利益，以国家投资为牵引，引入社会资源，建立投融资平台，多手段、多途径支持自主操作系统等突破点的研发。建立科学的项目资金决策机制，针对国家项目资金的使用成效建立以应用为牵引的考评体系，由研发和应用部门提出资金支持需求，经过科学评估后确定资金使用计划，提高资金使用效率，并通过强制使用要求为安全可靠产品提供市场应用空间，逐步形成产业发展的内生动力，建立以操作系统为核心，芯片、数据库、中间件、办公软件和应用软件相协同的安全可靠产业生态系统。

扩展阅读：

习总书记在中国工程院一份建议上的批示

2013 年 12 月 20 日，习总书记《在中国工程院一份建议上的批示》上指出：“计算机操作系统等信息化核心技术和信息基础设施的重要性显而易见，我们在一些关键技术和设备上受制于人的问题必须及早解决。要着眼国家安全和长远发展，抓紧谋划制定核心技术设备发展战略并明确时间表，大力发扬‘两弹一星’和载人航天精神，加大自主创新力度，经过科学评估后选准突破点，在政策、资源等各方面予以大力扶持，集中优势力量协同攻关实现突破，从而以点带面，整体推进，为确保信息安全和国家安全提供有力保障。”

2013 年末，美国微软公司宣布将于 2014 年 4 月 8 日起将完全停止对 Win XP 操作系统提供补丁和安全更新。由于 Win XP 操作系统在我国使用广泛，此举对我国网络安全带来严重潜在风险，并再次引发了对如何摆脱受制于人局面的思考，成为网络安全领域的重大事件。本文发表于 2014 年 2 月，对该事件进行了分析，并提出了应对策略[10]。

——微软 XP 操作系统停服引发严重安全关注

[10] 原文发表于《信息安全与通信保密》，2014 年 2 月。

加快技术创新应对操作系统安全风险

美国微软公司宣布，2014 年 4 月 8 日起将完全停止对 Win XP 操作系统（以下简称 XP 系统）提供补丁和安全更新，并向 XP 系统用户发出警告，继续使用 XP 系统所面临的风险将大幅提高。同时，微软加强了对旗下 Win7、Win8 等产品的推广力度，鼓励用户选择技术更为先进的操作系统。

作为微软公司在 2001 年发布的主流产品，XP 系统近年市场份额虽逐渐下滑，但依旧在全球范围内稳居第二。XP 系统在我国应用广泛，市场占有率非常高，党政机关和行业信息系统由 XP 系统向 Win7/8 系统迁移难以在短时间内完成，加之我国很多重要系统的安全防护仍较薄弱，因此 XP 操作系统停止服务后，我国面临的安全态势将更加严峻。

“棱镜事件”充分暴露了美政府利用其信息技术企业监控全球的战略意图，继续使用国外企业开发且未进行安全评估的操作系统将威胁国家安全，应以此次 XP 系统停止服务事件为契机，充分利用现有技术基础，加大技术创新力度，大力发展国产自主操作系统，以减少安全风险，摆脱信息技术受制于人的局面，充分保障国家安全。

一、XP 操作系统停止服务将造成一系列严重安全威胁

（一）大面积使用非自主操作系统将使国家安全处于不设防状态

操作系统是计算机系统软硬件资源和数据的“总管”，担负着计算机系统庞大的资源管理，频繁的输入输出控制以及不可间断的用户与操作系统之间的通信等重要功能。如果操作系统存在后门，则任何外围安全措施均将形同虚设。在 2004 年发生的“蓝屏事件”中，盗版 XP 系统在升级时，系统会被锁死，由此使世界各国意识到了微软通过互联网对 PC 终端用户的控制力。目前，国外操作系统在我国 PC 端占据绝对垄断地位，导致我国绝大多数 PC 都在其控制之下，国家安全门户洞开。这一危险长期以来存在，其对国家安全的影响要大于 XP 系统本身停止服务。

（二）XP 系统停止服务将使我国广大用户面临更多风险

我国 XP 系统用户群体较大，安全威胁涉及面广，微软公司在 2013 年年底的安全报告中指出，中国大陆 XP 系统用户数量占比仍高达 57.8%。据统计，在我国各部委和大型国企，XP 系统应用比例最低超过 60%，最高甚至接近 95%。微软停止向 XP 用户提供热修复、产品更新和安全补丁等服务后，针对 XP 系统安全漏洞的恶意行为将激增，对继续使用 XP 操作系统的用户来说，受到黑客、木马等威胁攻击，造成信息泄露、系统瘫痪、财产损失的潜在风险将会显著增加，我国受影响的用户保守估计超过 2 亿。据微软称，停止服务后继续使用 XP 系统电脑被恶意软件感染的可能性增加 2/3。

（三）按照微软推荐升级至 Win 8 系统会使国家安全面临更大威胁

2009 年 4 月，微软停止向 XP 用户提供主要支持，但继续为客户提供安全升级，并大力宣传和推广 Win7/8 产品。从技术架构看来，Win8 系统与可信计

算模块绑定，增加了多种安全控制机制，加强了环境信任检验，任何软件产品和硬件接入都要通过微软体系的可信认证，未经授权不能修改，大幅提高了对系统的监控能力。这为美国继续实施监控提供了便利条件，如我重要信息系统将操作系统升级到 Win8 环境，系统用户的应用安全措施、数据保护将无法按以前的方式可靠实现，我国网络安全将难以有效保障。同时，建立“白名单”机制后，微软通过自有体系可信认证，可实现对整个产业链的掌控，导致我国信息技术产业话语权丧失，国产技术和产品难以立足，严重影响我信息技术产业健康发展。

二、把握 XP 操作系统停止服务历史机遇，加快发展自主可信操作系统

（一）创新安全体系面临机遇

由于我国信息技术基础薄弱，国外技术、产品价格和易操作性优势明显，我们已适应长期使用国外技术产品，产生了很强依赖性。人们已经习惯了“出现漏洞、打补丁”的操作系统使用方式，习惯了防火墙、防病毒、入侵检测等以外围封堵为特征的被动防御体系。以增强自身免疫能力为核心的可信计算技术诞生以来，这种积极防御的技术思路始终没有得到推广。除可信计算产业自身原因外，传统使用习惯也是重要因素。此次 XP 系统停止服务，广大用户面临无补丁可打的局面，这将倒逼用户考虑使用对操作系统进行免疫加固的解决方案，从而使可信计算体系架构在高安全等级系统中得到部署。

（二）做大做强国产操作系统面临机遇

2013 年以来，为应对 XP 系统停止服务，俄罗斯、德国、日本等国家纷纷从政府层面出台了 XP 系统替换方案，以降低信息安全风险。我国政府也已认

识到了此次事件对国家信息安全的挑战和带来的机遇，对发展自主操作系统的重要性已达成共识。

多年来，我国在支持自主操作系统研发方面投入了大量资金，在关键技术上已经具备了相当的积累，也拥有了若干国产操作系统品牌，但国产品牌应用范围很小，自主操作系统产业始终没有做大做强。关键原因是我国以前只重视操作系统单品的研发，忽视了操作系统生态环境的构建。由于支持国产操作系统的应用软件和开发工具极其匮乏，导致国产操作系统替代难度相当大。近几年，在工业和信息化部支持下，安全可靠国产软硬件联合攻关工作取得重大进展，国产基础软硬件的生态链正在形成，目前急迫需要以实际应用带动产业发展。XP 系统停止服务后，国产操作系统将面临千亿市场需求，这种大规模应用会反过来促进国产操作系统不断完善，从而为国产操作系统做大做强创造良好条件。

三、发展自主可信操作系统的思路

建议采取“短期以加固为主、长期以替代为主、始终以可信为支撑”的自主可信操作系统发展思路。

（一）实施 XP 系统安全加固和服务接管

一是抓紧部署操作系统安全加固产品。考虑到目前技术尚未成熟，应用迁移时间还需要 1～3 年，党政部门和重点行业在短时期内无法将应用迁移到国产操作系统平台上来，面对 XP 系统停止服务引发的安全风险，可利用可信计算技术为 XP 系统进行安全加固，使之具备自身免疫能力，减少病毒、漏洞和木马等因素带来的安全威胁。

二是实施 XP 系统服务接管和安全运维。建议国家漏洞库管理机构加大技术投入，加强漏洞分析能力，并通过购买、公开征集方式，及时收集 XP 系统新漏洞信息。建立一批具有高素质、具备严格处置流程的安全运维服务机构，为政府部门和重点行业提供在线监控、漏洞扫描、提供补丁等服务，及时发现和应对安全威胁，满足继续使用 XP 系统用户的安全需求。

（二）加快自主操作系统的研发和应用

一是积聚力量，联合攻关，实现突破。在政府政策引导下，充分调配政产学研用各方资源，经过严谨论证，集中支持技术合理的 1～2 家企业，实现国产操作系统在易用性、可靠性、安全性的上突破。国产操作系统虽然可以杜绝后门，但漏洞可能会更多，使用中同样不安全，为此应继续采用可信计算技术，防止漏洞被利用，这是发展我国自主基础软件的必由之路。

二是大力支持国产操作系统应用。加强政策引导，要求新建重要信息系统采用国产产品。面向系统迁移需求，开展测试验证、集成适配等联合攻关工作，形成国产操作系统环境下的开发、测试、迁移等工具，为国产操作系统顺利应用推广打下坚实基础。

（三）提高自主创新能力，创造世界名牌

一是核心技术创新。加强操作系统体系结构研究，研发适应异构环境和支持虚拟化应用的安全可信操作系统。

二是运作模式创新。依据国家规定组建国家操作系统产业联盟，依托联盟开展联合攻关，优势互补，行政指挥和技术指挥两线并行，加大技术委员会的指挥决策与协调作用。

四、应对 XP 系统停止服务的典型技术方案

针对不同的应用场景，表 1 提出了三种不同的技术方案。这些方案只是示例，旨在反映我国现有的产业能力，以说明应对策略的可行性。表 1 中选择市

场上的“白细胞”操作系统免疫平台、中标麒麟安全云操作系统、中标麒麟桌面操作系统为典型产品。

表 1 典型技术方案

应对策略	应用场景	实施方案	典型产品	安全服务
采用“操作系统免疫平台”对 Windows XP 进行安全加固	Windows XP 系统依然运行，不改造业务系统（系统软硬件和架构均不需改变）	在业务系统用户终端机安装“白细胞”操作系统免疫平台	“白细胞”操作系统免疫平台	包括安全运维服务和可信支撑服务两类。安全运维服务为传统服务，包括漏洞挖掘、补丁升级。可信支撑服务为部署“白细胞”之后获得的服务，包括态势感知、漏洞主动发现和国家级可信软件库
采用“中标麒麟安全云操作系统+操作系统免疫平台”逐步替换 Windows XP	应用系统仍然运行在 Windows XP 平台上，但系统架构有变更。适用于扩建或改造的业务系统	在业务系统用户终端安装中标麒麟安全云操作系统和“白细胞”操作系统免疫平台；服务器端安装中标麒麟安全云操作系统，应用迁移到服务器端，运行在 Windows XP 虚拟机上	中标麒麟安全云操作系统、“白细胞”操作系统免疫平台	
采用“中标麒麟桌面操作系统＋操作系统免疫平台”替换 Windows XP	直接替换操作系统，应用系统运行在国产操作系统平台上。适用于新建业务系统或具备迁移到国产操作系统条件的业务系统	在业务系统用户终端安装中标麒麟桌面操作系统和“白细胞”操作系统免疫平台；业务系统迁移至中标麒麟操作系统	中标麒麟桌面操作系统、“白细胞”操作系统免疫平台	

（一）加固方案

图 1 是操作系统免疫平台的部署示意。“白细胞”由管理平台和终端软件两部分组成。终端软件安装在现有操作系统之中，建立主动免疫体系；管理平台负责系统中所有终端的安全管理和监控。目前，“白细胞”已适配了 Win 操作系统、Linux 操作系统、UNIX 操作系统、Android 操作系统等。

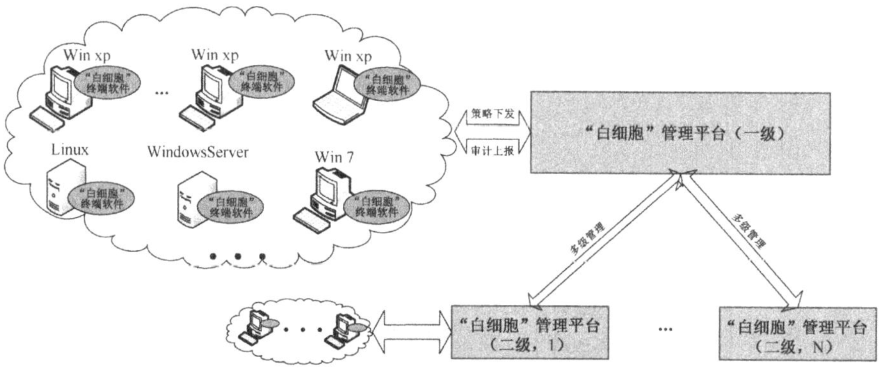

图 1　操作系统免疫平台部署

这一部署的特点和优势如下。

（1）采用白名单机制，提供执行程序可信度量，阻止非授权及不符合预期的执行程序运行，实现对已知/未知恶意代码的主动防御，可以做到免补丁升级，免病毒、木马查杀。

（2）采用动态度量技术，杜绝 APT（高级持续攻击）利用零日漏洞、物理摆渡等方式对系统资源进行破坏，保障系统资源全生命周期的安全可信。

（3）实施过程中不需对系统现有应用做任何改变，对用户使用完全透明，对用户的使用习惯不存在任何影响，对系统性能的影响不超过 3%。

（4）针对不同的用户环境，支持线上、线下两种管理模式，适配现有主流的 Win 系列、Linux 系列和 Unix 系列的操作系统，并且可以实现异构环境下的集中统一管理。

（二）局部替代方案

图 2 中，建立桌面虚拟化环境，将现有 Win XP 系统迁移到虚拟机中，前端使用中标麒麟桌面操作系统终端，Win XP 系统（含应用）以虚拟机方式运行。对于 Win XP 虚拟机和国产操作系统的安全性防护，可采用“白细胞”操作系

统免疫平台实现安全加固。

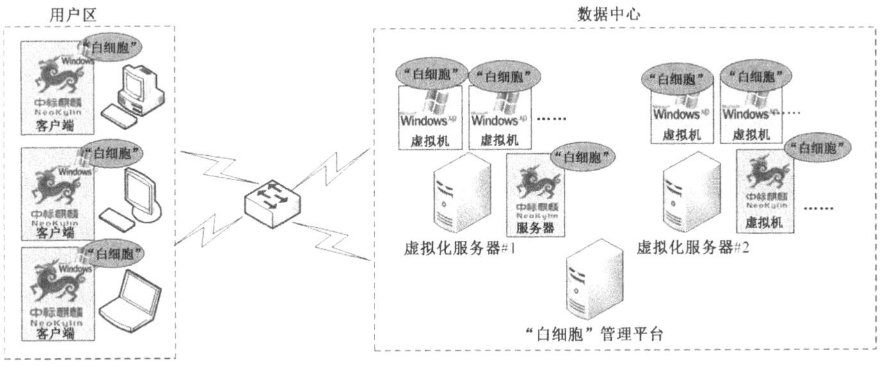

图 2　局部替代方案部署

（三）直接替代方案

图 3 中，使用中标麒麟桌面操作系统直接替换 Win XP 操作系统，应用系统运行在国产操作系统平台上。同时，采用"白细胞"操作系统免疫平台实现对国产中标麒麟桌面操作系统的安全加固。

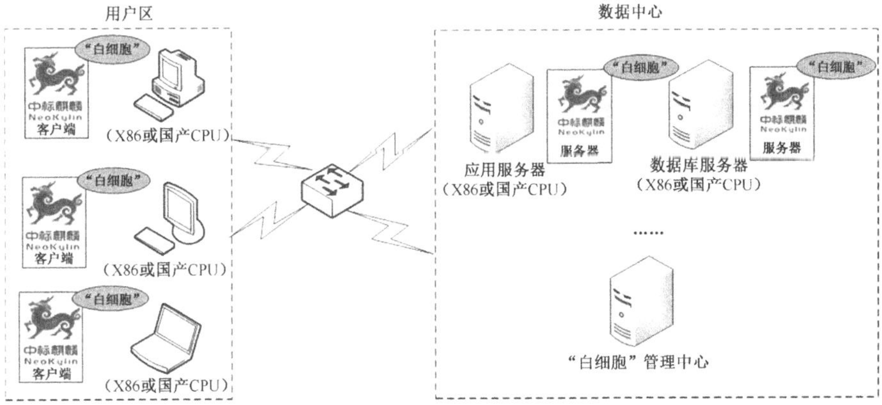

图 3　直接替代方案部署

五、措施建议

（一）加强组织保障

为顺利度过 XP 系统停止服务这一风险期，建议参照“千年虫”应对处置经验，设立针对 XP 系统停服临时工作组，负责 XP 系统漏洞收集、风险发布、应急处置、安全检查以及政策指引等工作。

（二）制定相关政策

由政府有关部门发文，对政府部门、重点行业采购 Win8 系统做出风险提示，甚至在某些领域限制采购 Win8 系统。同时，要求依然在用的 XP 系统采取安全加固措施，增强系统自身免疫能力，实现系统积极防御。

（三）开展安全检查

建议尽快、集中开展一次全国范围的专项网络安全检查，在 XP 系统停止服务后，检查在用的 XP 系统的安全防范情况。

（四）开展国产操作系统应用试点示范

建立仿真系统和测试平台，验证国产自主操作系统与配套国产软硬件的支持能力，确保与应用有效适配。在此基础上，选择实际环境进行国产操作系统的小规模试运行，总结经验，发现问题，不断完善，逐步扩大规模，达到行业全部覆盖。

❀扩展阅读：

微软 XP 操作系统停服事件简介

微软基于 Windows 2000 代码开发了新一代视窗操作系统 Windows XP，于 2001 年 10 月 25 日在纽约发布。该产品凭借在安全、易用等方面的大幅提升，迅速在世界范围内得到推广应用，在我国的用户群体更是遍及党政军重要领域、涵盖经济社会发展的大部分行业。

而随着自家新一代操作系统产品的接连上市，微软公司进行了操作系统产品战略调整，于 2014 年 4 月 8 日起彻底取消了对 Windows XP 的所有技术支持，称 Windows8 将是 Windows XP 的继承者。2008 年 4 月，微软推出 XP SP3 补丁包，并宣布这是为 XP 的最后一次升级。同年 6 月，微软宣布针对 Windows XP 的主要支持将在 2009 年 4 月 14 日截止，延伸支持于 2014 年 4 月 8 日截止，届时微软将不再发布 Windows XP 系统的补丁和安全漏洞更新包。2013 年 4 月，为了督促 Windows XP 用户升级，微软官方发布一款 XP 死亡倒计时工具，用于计算距离 Win XP 终止服务的时间，并向 Windows XP 用户发出警告，如果不尽快远离 Windows XP，那么今后将难以摆脱遭受“零日漏洞”攻击的可能。

据权威市场调研机构 Net Applications2013 年 3 月的数据统计，XP 在全球市场的占有率仍然高达 38.73%。报告显示，2013 年 7 月 16.4%的美国个人电脑使用的是 Windows XP。而在中国，这个数字是 72.1%。根据中国业内公司的数据统计，XP 系统在国内的市场份额仍然很高。在部分部委和大型国企，XP 系统应用比例最低超过 60%，最高的甚至接近 95%。党政机关和企事业单位的信息系统由 XP 系统向 Win7/8 系统迁移难以在短时间内完成，保守估计这一过程将持续 1～5 年。Windows XP 停服事件可以说是继 2000 年千年虫事件之后又一次全球规模的网络安全事件。

美国将保护国家关键基础设施网络安全作为国家网络安全工作的重中之重，于2013年2月发布总统行政令《增强关键基础设施网络安全》，并于2014年2月发布重要技术文件《网络安全框架（NSF）》。本文发表于2014年5月，对美国的上述重大政策动向进行了分析研究[11]。

——美国发布总统行政令，全面加强关键基础设施网络安全保护

[11] 由《信息安全与通信保密》2014年第6期《NIST发布新标准对工控系统安全影响深远》、《信息技术与标准化》和2014年第4期《NIST〈改进关键基础设施网络安全框架〉分析》等汇总而成。

美关键基础设施保护行政令及有关进展分析

2013 年 2 月 12 日，美国总统奥巴马签署了 13636 号行政令《增强关键基础设施网络安全》。同日，白宫还发布了补充性的第 21 号总统政策指示（PPD-21）《关键基础设施安全与韧性》。在此之前的 2012 年 8 月，《网络安全法案》在参议院遇阻，故奥巴马退而求其次，将《网络安全法案》的部分关键内容修订后以行政令的形式发布。这是美在关键基础设施保护立法困局下的求变之举，但绝非权宜之计，因为此次的行政令和政策指示对关键基础设施的安全保护做出了一系列新的制度性安排，采取了很多新的、长远性的积极举措，称之为战略部署并不为过。行政令提出，要制定由一系列自愿性的网络安全标准、指南和实践所组成的《网络安全框架》，以指导私营部门加强对关键基础设施的保护。目前，《网络安全框架》已经于 2014 年 2 月发布，其他有关工作也在推进，这些举措为美国的关键基础设施保护确定了基调。

一、13636 号行政令和 PPD-21 的亮点

（一）强调政府向企业共享涉密信息

美国超过 87%的关键基础设施归私营企业所有，信息共享是美国落实公-私合作的主要举措。但是，信息共享长期面临两个障碍，一是反托拉斯法、信息自由法等法律障碍；二是社会公众和团体对隐私保护和人权的担忧。2012 年

12 月，美联邦政府发布了《信息共享和防护国家战略》，但并没有打消企业和公众的疑虑。特别是，在此次行政令于 2012 年 9 月首次征求意见时，私营部门更是指出，政府总在强调网络攻击形势的严峻性，但并没有将真实的情况告知外界，因此政府追求的信息共享不过是企业向政府提供信息的单向共享。考虑到这些意见，奥巴马在行政令中删除了对关键基础设施运营企业的信息共享要求，建立了将政府掌握的有关涉密信息提供给私营企业的制度。行政令规定，司法部长、国土安全部长和国家情报总监应在 4 个月内制定信息共享指南，尽快建立涉密信息共享流程，并将试点中的增强性网络安全服务（ECS，即国防部等部门与关键基础设施行业的重点企业共享网络安全事件、漏洞信息的一项制度）项目扩展到所有的关键基础设施。

（二）要求 NIST 制定关键基础设施网络安全框架

经《联邦信息安全管理法》（FISMA）授权，国家标准与技术研究院（NIST）为联邦政府自身系统的安全防护制定标准。在此基础上，美国建立了联邦信息系统安全认证认可管理框架。近年来，美政府也多次试图为关键基础设施制定安全标准，并希望通过立法予以强制实施。鉴于一些私营企业的强烈反对，行政令提出了建立自愿性的“网络安全框架”（Cyber Security Framework，CSF）的任务。该框架既包含一系列自愿性的网络安全标准，还包括有关方法和流程，以及评价指南。此事由 NIST 负责，要求在 8 个月内形成初稿，一年后发布最终版。这项工作意义重大，标志着美国已经迈出了加强关键基础设施安全管理的关键一步。

《网络安全法案》等在国会历次闯关均未成功，根本原因是私营企业不希望政府对自己运营的关键基础设施提出强制要求。此次美国政府吸取了教训，在行政令中建立了由国土安全部长牵头的“自愿性的关键基础设施网络安全项目”。该项目的目的是使 NIST 制定的网络安全框架能够被更多的私营企业自愿采用。主要措施是，对口具体关键基础设施行业的联邦各部，要与相对应行业的协调委员会（即各个行业的自律组织）合作，对关键基础设施网络安全框架进行审查，必要时制定能够反映行业特色的实施指南或补充文档；各部每年通过国土安全部长向总统汇报各私营企业参与关键基础设施网络安全框架的情况；国土安全部长协调财政部长和商务部长，建立一批激励措施，调动私营企业的积极性，要求上述3个部门在4个月内分别将初步方案报奥巴马；关键基础设施网络安全框架初稿发布3个月内，联邦各对口部门要向奥巴马提交报告，说明本部门是否有清晰的权限来落实网络安全框架；国防部长和总务管理局长协调研究是否有必要在采购计划和合同管理中要求遵循特定的网络安全标准，并在4个月内向奥巴马提出建议。

（三）梳理易受严重网络攻击的关键基础设施清单

美国在10年以前便确定了18类关键基础设施，但这些行业中哪些系统最重要，最易受攻击，相关情况并不清楚，因此美国政府一直努力通过立法建立特别重要的关键基础设施的清单，但受累于几次立法失败而无果。此次行政令要求，国土安全部长应在5个月内制定此清单并向奥巴马提交，且每年更新一次。与关键基础设施对口的联邦各部负责向国土安全部报送信息，国土安全部长还将征求列入名单的各私营企业的意见。

（四）整合关键基础设施的物理安全与网络安全工作

美国对关键基础设施保护的基本政策是2003年发布的第7号国土安全总统令《关键基础设施标识、优先级和保护》。此次发布的总统政策指示PPD-21则在新的威胁环境下对原政策做出了调整，并为此提出了3个重要的战略预期：优化和明确联邦各部门的职能关系，形成合力；促进有效的信息交换；形成情报集成和分析功能。美认为，关键基础设施的物理安全和网络安全保护已经越来越交织在一起，必须将两者整合。为此，美拟将国土安全部内分别处理物理事件和网络事件的两个独立的关键基础设施中心进行整合，并实现对各类威胁、漏洞、事件信息的统一分析。PPD-21 还要求，国土安全部长应在 8 个月内制订新的国家关键基础设施保护计划。

（五）制订国家研发计划

PPD-21 要求国土安全部长协调国家科技政策办公室等部门，在 2 年内制订国家关键基础设施安全研发计划，此后每 4 年更新一次。重点方向有：提升关键基础设施的安全设计和建设水平，研发更安全的网络技术；增强建模能力，以判断安全事件可能对关键基础设施的影响，以及安全事件可能引发的级联后果；刺激网络安全投资，促进安全的关键基础设施设计方案的应用。

（六）进一步明确政府相关部门的职责

PDD-21 重新明确了 16 类关键基础设施及其对口的联邦部门，并强调能源和通信行业是重中之重。为了进一步明确职责、提高效率，PDD-21 要求国土安全部长在 4 个月内提交报告，描述国土安全部内部及其与其他各有关部门之间的职能关系。该报告将成为私营企业应对物理和网络威胁时与联邦政府的联络图。

（七）建立态势感知系统

通过爱因斯坦等项目，美国已经形成了对联邦系统的初步态势感知能力。但 PDD-21 继续要求，国土安全部长在 8 个月内应建立对关键基础设施的准实时感知能力，包括及时了解威胁和漏洞信息，掌控关键基础设施的安全事件以及可能的级联后果，提供决策参考，通报关键信息。

二、对私营部门提出的激励措施

根据 13636 号行政令的部署，国土安全部、财政部和商务部要联合制定一批激励措施，以鼓励私营部门自愿落实《网络安全框架》（以下简称《框架》）。这批激励措施于 2013 年 8 月发布，主要内容如下。

（一）网络安全保险

建议保险行业参与制定《框架》中涉及的有关标准、规程及其他措施。该项举措的目的是促使企业采用基于风险的网络安全措施和定价机制，从而培育竞争型网络保险市场。

（二）补助

建议充分利用联邦已有的各类补助项目，将是否愿意采用《框架》，作为政府向关键基础设施拨款补助的条件或加权条件之一。

（三）处置优先权

凡参与自愿项目的企业，政府可考虑加快现有政府服务的交付时间，比如向关键基础设施提供的技术援助。技术援助的首要原则是始终保持基础设施的安全性，在非紧急情况下，技术援助可作为附加条件，促进《框架》的推广、实施。

（四）责任限制

对特定问题开展深入研究，以决定是否需要通过立法来减少自愿性的网络安全框架项目参与者的责任，从而鼓励更多关键基础设施企业实施该《框架》。这些问题包括减少侵权责任、有限赔偿、更高的举证责任，或创立联邦法律特权，使其效力高于各州对信息披露的要求。

（五）法规顺畅性

确保《框架》同现有监管结构能够有效交互，例如消除现有法律法规间存在的相互重叠问题，确保在多个监管体系间能够等效采用，减少审计负担等。

（六）公开表扬

进一步研究可以对项目参与者及其供应商施以哪些公开表扬。国土安全部将与关键基础设施团体合作，确定可能的公开表扬选项。

（七）价格受管制行业的费率补偿

负责公共事业费率的监管部门应研究是否需要对积极采用《框架》的网络安全投资进行费率补偿。

（八）网络安全研究

明确哪些领域可利用已有商业解决方案来实施《框架》，还要明确哪些领域尚未形成解决方案。政府将针对尚未形成商业解决方案的领域进行重点研究，以满足当前最迫切的安全需求。

三、《网络安全框架》概况

2014 年 2 月 12 日，NIST 发布了《框架》。正式由于政府担心被扣上过度“干预”关键基础设施网络安全的帽子，此次 NIST 采用了一整套新的方法学来制定《框架》。

（一）《框架》的三个组成部分

《框架》以业务驱动来指导网络安全行动，旨在将网络安全风险纳入到企业风险管理程序之中。《框架》包括三个部分。

1. 框架核心（Framework Core）

框架核心包括了一系列业界标准、指南和最佳实践，为关键基础设施部门提供了通用的安全参考。实质上，“框架核心”就是一系列安全要求。框架核心包括识别、保护、检测、响应和恢复 5 个功能，即将这些安全要求从功能上分为 5 类。框架核心按照功能、类和子类的顺序展开，并为每个子类提供了与之对应的标准、指南和最佳实践等资料性参考文献。

2. 框架实施层（Framework Implementation Tiers）

实施层包括部分实施、风险告知、可重复和自适应 4 个级别，描述了一个组织实施安全措施的程度，这类似于能力成熟度。框架实施层可帮助组织了解其风险管理程序，根据网络风险管理实践表现出的特点，进行分级（例如风险、威胁感知和适应性）。在级别选择上，组织可综合考虑现有风险控制措施、威胁环境、法律和监管要求、业务/任务目标和组织约束。

3. 框架轮廓（Framework Profile）

“轮廓（profile）”的概念来自 CC（《信息技术安全性评估通用准则》），指在一套综合性的标准要求中挑选出适应自身需要的标准条款，从而形成能反映自身特色的“轮廓”。组织可基于自身安全需求，通过对比当前轮廓和预期轮廓，明确需改进的网络安全要素，选择出适应自身需求的安全措施类和子类（同样也可根据所需面临的风险，增加类和子类）。当前轮廓可用于衡量向目标轮廓改进的优先级和进展情况，同时兼顾成本效益和创新等其他业务需求。

（二）“框架核心”分析

“框架核心”描述了实现特定网络安全状态的一系列行动，并列举了业内已经形成的成熟有效的网络安全风险管理方法作为参考。表 2 是“框架核心”的架构。

表 2　框架核心

功能	类	子类	资料性参考
识别			
保护			
检测			
响应			
恢复			

功能包括识别、保护、检测、响应和恢复 5 个重要元素，实际上是对网络安全提出的总体目标。这些功能符合 PDRR（保护、检测、响应、恢复）的方法学，但增加了“识别”。

类是根据不同需求和特定活动，对功能进行细分后的网络安全要素。

子类是根据技术或管理活动，对“类”的进一步细化。

资料性参考包括一系列与“子类”提出的安全要求对应的，适用于关键基础设施部门的已有标准、指南和实践。功能、类、子类均只是给出了逐步细化的安全目标，但并没有对如何实现安全目标提出具体要求。这些具体要求则在“资料性参考”列出的标准、指南和实践的具体条款中体现。亦即，《框架》没有提出任何新的安全要求，只是明确了若干安全目标，并将安全目标的实现措施指向了已有标准、指南和实践的具体条款。之所以称为“资料性

（informative）”，旨在说明这些引用的标准、指南和实践不是强制性的，且可以参考的标准、指南和实践不仅限于此。《框架》中列出的资料性参考文献主要如下：

（1）信息和相关技术控制目标（COBIT）；

（2）网络安全理事会（CCS）列出的前 20 项关键安全控制；

（3）ANSI/ISA-62443-2-1（99.02.01）—2009《工业自动化和控制系统安全：建立工业自动化和控制系统安全计划》；

（4）ANSI/ISA-62443-3-3（99.03.03）—2013《工业自动化和控制系统安全：系统安全要求和安全等级》；

（5）ISO/IEC 27001，信息技术-安全技术-信息安全管理体系要求；

（6）NIST SP 800-53 Rev. 4，联邦信息系统和组织的安全与隐私控制，2013 年 4 月。

“框架核心”定义的 5 项功能

1．识别：促进组织对网络安全风险管理的理解

（1）资产管理：组织内的物理设备和系统清单，组织内的软件平台和应用清单，组织的通信和数据流拓扑图，外部信息系统编目，资源（例如硬件、设备、数据和软件）分类，从敏感度、重要性和业务出发对价值的排序，建立全体员工和第三方利益相关者的网络安全角色和职责（如供应商、客户和合作伙伴）。

（2）业务环境：确认和沟通组织在供应链中的作用，确认和沟通组织在关键基础设施及其产业领域中的定位，建立和沟通组织使命、目标和活动的优先

级，明确对交付关键服务有影响的依赖关系和重要功能，明确支持关键服务交付的恢复能力要求。

（3）治理：建立组织信息安全策略，协调信息安全角色和职责，制定网络安全法律法规，制定网络风险管理流程。

（4）风险评估：识别和记录资产漏洞，从信息共享论坛接受威胁和漏洞信息，识别和记录内外部威胁，识别潜在业务影响，利用威胁，漏洞和影响来明确风险，明确风险处置措施并排序。

（5）风险管理战略：建立风险管理流程，明确和清晰描述组织的风险承受力，将风险承受决策予以告知。

2．保护：制定和实施相关防护措施，确保关键基础设施服务交付

（1）访问控制：管理授权用户和设备的身份和凭证，管理和保护对资产的物理访问、远程访问，保护网络完整性，对访问权限实施管理。

（2）宣传和培训：针对所有用户宣传和培训，使特权用户了解其角色和责任，使第三方利益相关者了解其角色和职责，使信息安全人员了解其角色和职责，使高级管理人员了解其角色和职责。

（3）数据安全：静态数据保护，数据传输保护，对资产转移、传输和处置的全方位管理，提供足够的容量以确保可用性，防止数据泄露，采用完整性检测方法，将制造开发和测试环境与生产环境分离。

（4）信息保护规程：建立和维护信息技术/工业控制系统结构基线，周期性备份，维护和测试，制定物理操作环境策略和相关规定，持续更新保护程序，与相关方共享有效的安全保护技术，制订响应和恢复计划，测试响应和恢复计划，将网络安全纳入人力资源管理实践中，制订和实施漏洞管理计划。

（5）维护：定期维护组织资产，远程维护组织资产时实批准和记录。

（6）防护技术：审计日志，保护移动介质并严格其使用，按最小功能原则对系统和资产的访问进行控制，对通信和控制网进行保护。

3．检测：制定和实施相关措施，监测网络安全事件的发生

（1）异常事件：建立和管理网络操作过程和预期的数据流基线，分析检测到的安全事件，归并和关联各个来源处的事件数据，判断事件影响，设定事件预警阈值。

（2）持续安全监测：对网络、物理环境、人员活动进行监控，检测恶意代码、未授权移动代码，对外部服务提供商以及未授权人员、链接、设备、软件进行监控，进行漏洞扫描。

（3）检测程序：定义检测角色和责任，确保检测活动遵循相关要求，确保检测程序已测试，事件检测信息告知相关方，检测程序可持续更新。

4．响应：制定和实施相关措施，对检测到的网络安全事件采取行动

（1）响应计划：事中或事后执行响应计划。

（2）通信：使相关人员周知其角色和操作顺序，遵循已建立的准则进行事件报告，根据响应计划进行信息共享，协调利益相关方，与外部利益相关者自愿进行信息共享。

（3）分析：对检测体系中发出的通报进行调查，了解事件影响，实施取证，对事件分类。

（4）缓解：事件遏制，事件缓解，降低新发现的漏洞或将其作为可接受的风险予以记录。

（5）改进：将经验教训添加入响应计划，更新响应战略。

5. 恢复：制定和实施相关措施，保持网络安全事件发生后的恢复能力

（1）恢复计划：在事中或事后执行恢复计划。

（2）改进：将经验教训添加入恢复计划，更新恢复战略。

（3）通信：管理公共关系，事件发生后的声誉修复，与内部利益相关者和行政管理团队沟通恢复行动的情况。

（三）“框架实施层”分析

所谓框架实施层，实际上是围绕风险管理，提出了管理能力成熟度级别。这一方法参考了各种通用的“能力成熟度模型”（Capability Maturity Model，CMM）。它与“框架核心”中的安全功能是垂直关系。即类似于 SSE-CMM（系统安全工程-能力成熟度模型），它表示了一个组织在实施安全功能时的能力级别。

框架实施层共分 4 层，从部分实施到自适应，描述了网络风险管理实践中，逐渐增加的严格和复杂程度。

1. 部分实施

（1）风险管理程序：组织的网络风险管理计划为非正式行为，风险管理以临时和反应式的方式进行。网络安全行动的优先顺序不以组织风险目标、威胁或业务/任务需求为导向。

（2）综合式风险管理计划：在组织层面对网络风险知之甚少，未在组织范围内建立网络风险管理措施。组织的网络安全风险管理工作没有正式流程，或仅从外部资源获得信息。组织内部未形成网络安全信息共享程序。

（3）外部参与：组织没有形成与其他实体协调或合作的机制。

2. 风险告知

（1）风险管理程序：风险管理计划通过了管理部门批准，但没有建立组织范围内的风险管理策略。网络安全行动优先顺序符合组织风险目标、威胁或业务/任务需求。

（2）综合式风险管理计划：在组织层面意识到了网络安全风险，但在组织范围内未形成网络风险管理措施。组织拥有已批准的网络风险管理规程并实施，雇员拥有充分的资源履行网络安全职责，网络安全信息在组织内非正式共享。

（3）外部参与：组织了解其在更大的生态系统中扮演的角色。

3. 可重复

（1）风险管理程序：组织的风险管理计划得到正式批准，组织的网络安全实践可针对业务/任务需求、威胁和技术趋势进行定期更新。

（2）综合式风险管理计划：组织制定了相应的网络风险管理措施，明确了风险告知政策、流程和程序，并按照计划实施和审查。组织拥有一致有效的方法来应对变化的风险，人员具备相关知识和技能，可履行既定角色和责任。

（3）外部参与：组织知晓其依存关系和合作伙伴，并可接收从这些伙伴处传来的信息，以便于在事件响应中进行合作。

4. 自适应

（1）风险管理程序：根据历史经验及在过去和现在的网络安全活动中得出的前兆性指示，组织可调整其网络安全实践措施。通过不断融入先进的网络安全技术和实践，组织可积极适应网络安全变化，对复杂的安全威胁可及时响应。

（2）综合式风险管理计划：组织拥有网络风险管理措施，可利用风险告知政策、流程和程序，应对潜在的网络安全事件。网络风险管理成为组织文化的一部分并不断进化。

（3）外部参与：组织与合作伙伴开展积极的信息共享合作，确保了在网络安全事件发生前，及时、准确地传递威胁信息。

（四）“框架轮廓”分析

“框架轮廓”能够描述具体网络安全行动的当前状态或目标状态，当前轮廓描述了组织网络安全管理效果，目标轮廓描述了组织需要完成的网络风险管理效果。CC 最初提出“轮廓”的概念便是搭建一个安全措施从全集到特定系统的安全措施子集之间的桥梁，即从全集要求中选择出适用于某个系统的子集规范。《框架》在方法学中引入“轮廓”，其意在告知私营部门，他们拥有完全的自由，可在框架中任意选用安全目标及资料性条款。《框架》并未规定轮廓模板，以充分支持网络风险管理计划的灵活实施。但实际上，这是一种偷懒的做法，在某种程度上也是为了取悦于私营部门。

总体而言，由于《框架》采用了以上的方法学，所以无论组织的大小、网络安全风险等级或网络安全复杂程度，《框架》都可适用。但它不是一部新的标准，《框架》希望汇集目前最有效的产业标准、指南和实践，而且引入了能力成熟度模型，实是安全标准之集大成者。故其不再提出新要求，只是给出了对标准、指南和实践的索引，这固然是美国政府的无奈之举，但也反映了在全球网络安全标准已经比较丰富的情况下，以整合思路引领标准编制工作的某种趋势。需要注意的是，NIST 指出《框架》适用于美国以外的组织，旨在为其影响关键基础设施网络安全国际标准的制定提前造势。

❀扩展阅读：

美国 13636 号总统行政令

加强关键基础设施网络安全

PPD-21：关键基础设施安全与韧性

NIST：网络安全框架（CSF）

云计算代表了信息技术发展和应用的趋势。为了加快云计算技术在联邦政府的应用并确保其安全，美国制定实施了 FedRAMP 制度(联邦风险和授权管理计划)。本文发表于 2014 年 10 月，对美国的 FedRAMP 制度进行了分析，以期对我国制定云计算网络安全管理政策提供参考[12]。

——美国建立联邦政府部门云安全审查制度

[12] 原文发表于《信息安全与通信保密》，2014 年 8 月，原标题《网络安全审查体系下的云基线》。

美国 FedRAMP 云安全审查标准发展与应用

我国的网络安全审查制度，针对的是关系国家安全和公共利益的系统所使用的重要信息技术产品和服务。在这个审查制度的框架下，主管部门还专门为政府部门云计算服务建立了一套审查工作机制。政府部门云计算服务安全审查是网络安全审查制度的一部分，沿袭了网络安全审查制度的基本思路，但突出了云计算服务的特性。

我国的政府部门云计算服务安全审查制度充分参考了美国联邦政府的 FedRAMP（联邦风险及授权管理项目）。这是美国正在实施的云计算服务安全审查制度。该制度中，对云计算服务的审查标准是 FedRAMP 云安全基线（baseline）。正是在充分借鉴这套基线的基础上，我国后来出台了国家标准《信息安全技术　云计算服务安全能力要求》，这是我国对云服务商的安全审查依据。由此可见，FedRAMP 云安全基线对我国的云安全审查标准有重大影响，本文分析了其发展和应用情况。

一、FedRAMP 概况

美国作为云计算服务应用的倡导者，一方面推出“云优先战略”，要求大量联邦政府信息系统迁移到“云端”，另一方面为确保安全，要求为联邦政府提供的云计算服务必须通过安全审查。但为了避免多个政府部门对同一云服务商重复审查，美国确立了“一次审查、多方使用”的原则。2011 年，联邦预算管理局发布首席信息官备忘录《云计算环境信息系统安全授权》，宣布启动FedRAMP。FedRAMP的领导决策机构是“联合授权委员会”，由国防部、国土安全部、总务署三方派出代表组成，负责制定云安全基线，批准第三方机构认定标准，对云计算服务进行初始授权等。

FedRAMP的基本工作思路是，由第三方评估机构根据相关标准对云计算服务进行安全风险评估，联合授权委员会根据评估结果对云服务商进行审查，对通过审查的云计算服务给予初始授权，各联邦政府部门均可在初始授权名单里根据自身需求选择云计算服务。由于各部门可共享安全评估与审查结果，从而避免了重复评估和审查。这实际上是一种“白名单”机制。

FedRAMP明确要求联邦机构从2014年6月起，必须采购和使用满足安全审查要求的云计算服务。制度实施的两年内，FedRAMP共认定了43家从事云计算服务安全评估的第三方机构，并已有58家云计算服务商的80项云计算服务通过了安全审查。

二、FedRAMP云安全基线的来源

FedRAMP云安全基线源于NIST SP 800-53《联邦信息系统和组织的安全及隐私控制》，其与SP 800-53的关系可从以下三方面说明。

（1）SP 800-53是对所有联邦信息系统提出的通用安全要求，而FedRAMP云安全基线只从中选取了适合于云的一部分内容。需要指出，FedRAMP云安全基线并没有增加任何超出SP 800-53的内容。即FedRAMP云安全基线是SP 800-53的子集。

（2）美国联邦政府信息系统分三种安全级别（美国为此发布了联邦标准FIPS 199《联邦信息和信息系统安全分类》），SP 800-53定义的安全要求中，一

些安全要求的组合适用于低安全级系统（低级基线），一些组合适用于中安全级系统（中级基线），一些组合则适用于高安全级系统（高级基线），还有一些安全要求并不针对特定的安全级，即不属于基线要求，由用户自行选用，以增强系统的安全性。但 FedRAMP 云安全基线只针对低级、中级的云给出了安全要求，因为美国联邦政府不建议政府部门将高安全等级需求的业务和数据迁移到云上。这些低、中级安全基线与 SP 800-53 的低、中级安全基线基本对应，但删除了一些不适用于云的要求，还从 SP 800-53 中选取了一些本不属于基线的增强性要求。

（3）SP 800-53 借鉴《信息技术安全性评估通用准则》（CC），引入了“赋值”和“选择”这两种操作，并以[赋值：……]和[选择：……；……]的形式给出。例如，“信息系统应在[赋值：管理员定义的时间段]后，自动[选择：删除；禁用]临时和应急账号”，这给用户提供了灵活度，架起了通用安全要求和特定安全要求之间的桥梁。但 FedRAMP 云安全基线则对云环境下的各个“赋值”和“选择”给出了具体参数，且这些参数已经通过了“联合授权委员会”的批准。

到目前为止，NIST 800-53 已于 2013 年 4 月更新到 r4 版。此前的 r3 版发布于 2010 年 5 月，使用时间最长。FedRAMP 云安全基线也有两个版本，1.0 版源于 NIST 800-53 r3，在 NIST 800-53 r4 版本发布后仍然使用，一直到 2014 年 6 月才更新为 2.0 版。在研究起草中国国家标准《信息安全技术　云计算服务安全能力要求》时，美国的 FedRAMP2.0 云安全基线尚未问世，故我们主要在 FedRAMP1.0 云安全基线基础上，从 NIST 800-53 r4 版中借鉴新增内容添加到了我国的国家标准中。因此我国的国家标准与 FedRAMP2.0 云安全基线有所不同。

三、NIST 800-53 和 FedRAMP 云安全基线的版本变化分析

NIST 800-53 r4 和 FedRAMP2.0 云安全基线主要是针对高级持续攻击（APT）、供应链、内部威胁、应用安全、开发和运行保障等增加了新要求，并增加了新的裁剪指南，还介绍了制定安全基线的基础假设，以及说明了如何对基线进行裁剪定制。导致其版本变化的主要原因如下。

（1）典型安全事件频出，需要增加新的安全控制项。NIST 根据典型安全事件，新增加了一些安全控制要求。

（2）标准的灵活度不够，影响到其适用性。对于新问题和特殊的信息系统，标准提出的安全要求应有足够的灵活度，并做到尽量与技术无关。

（3）新技术和新应用带来新的安全风险，标准的针对性需进一步增强。随着虚拟化等新技术的推广，使得传统对于远程访问、人员安全、物理安全等的要求不能解决新的安全风险，容易给攻击留下漏洞。因此，需要有针对性地进一步增强相关安全控制措施。

NIST 800-53 的一个重要思路是，尽可能吸收国际标准的精华，充分扩展其内容，尽量保证通过此一部标准便能够反映联邦信息系统的各类安全需求。目前，NIST 800-53 r4 和 FedRAMP2.0 云安全基线主要包含 17 类安全控制措施：AC 访问控制、AT 意识和培训、AU 审计和可追究性、CA 安全评估和授权、CM 配置管理、CP 应急规划、IA 标识和鉴别、IR 事件响应、MA 维护、MP 介质保护、PE 物理和环境保护、PL 规划、PS 人员安全、RA 风险评估、SA 系统和服务采购、SC 系统和通信保护、SI 系统和信息完整性。每一类安全控制措施之下，都有若干个子类，以阿拉伯序号表示。NIST 800-53 r4 特地扩充了 AC 和 SA 的内容，以期覆盖云计算和供应链安全要求。

四、NIST 800-53 r4 在方法学上取得的新进展

NIST 800-53r4 在方法学上取得了很多进展，正是这些进展确保了 FedRAMP2.0 云安全基线的科学性和有效性。

（一）提出了安全基线的设计原理

如前所述，NIST 800-53 将各类安全要求归入了低、中、高 3 级，分别构成了低、中、高 3 级系统的安全基线。FedRAMP 云安全基线即是对 NIST 800-53 基线裁剪的结果。除此之外，还有一些安全要求不在低、中、高 3 级之列，即这些要求不属于基线，一个具体的信息系统可以视情况选择这些不在基线内的安全控制措施。

那么这些基线是如何确定的呢？具体而言，主要考虑系统运行环境、运行特性、系统功能、威胁类型和信息类型五项因素，以下假定条件是基线的设计出发点：

（1）系统位于物理设施之内；

（2）用户数据和信息是相对持久的；

（3）系统是多用户的；

（4）某些数据和信息不能与其他合法用户共享；

（5）信息系统是联网的；

（6）信息系统的通用用途的；

（7）组织有必要的架构、资源和基础设施来实施安全控制措施。

如果以上假设条件不成立，则系统就需要对所选择的基线控制进行裁剪。特别是，当以下一些假设完全不在基线考虑之内时，需要选择基线之外的安全

控制措施：

（1）内部人员威胁；

（2）系统存储、处理和传输的是涉密信息；

（3）APT 攻击；

（4）联邦立法、令、规章、政策要求实施特殊保护；

（5）信息系统需要与其他不同的安全域通信（信息流向其他安全域）。

（二）明确了安全裁剪过程

NIST 800-53 使用了删除、替换和补充三种方法对基线要求进行裁剪，以将其转化为对一个特定系统的要求，这便是 FedRAMP 云安全基线的出处。裁剪步骤包括：标识公共控制；考虑作用域（由此删除不适用的控制措施）；选择补偿控制（由此替换基线中的某些安全控制措施）；赋值；补充基线控制。

1. 标识公共控制

安全控制措施有三种特性：安全控制措施的应用范围；安全控制措施的共享情况；安全控制措施的制定、实施、评估和授权责任。以上的特性导致安全控制措施可以分为三类：公共控制（Common Controls）、系统专用控制（System-specific Controls ）、混合控制（Hybrid Controls）。

一个单位可能有多个系统，一个云计算平台上可能有多种应用，所以必须引入公共控制的概念。公共控制作用于整个机构，被其中任何一个系统所继承（即影响任何一个系统），其制定、实施、评估和授权责任在于机构的某个实体而不在于单个系统，典型的例子是安全意识培训、事件响应计划、物理访问控制等。公共控制的引入符合现实中的实际情况，而且极大地减少了每个系统的安全成本。但这也意味着，规划和协调的需求有所增加，各机构应指定负责公共控制的责任部门（例如人事部门、保卫部门等），并对公共控制进行总协调。

系统专用控制适用于具体的系统，其责任主体是系统所有者。

混合控制中，一部分是公共控制，一部分是系统专用控制，如“事件响应策略与流程”，前半部分（策略）是公共控制，后半部分（流程）则与具体系统有关。

一个控制措施究竟属于公共控制、系统专用控制还是混合控制，并不是固定的，这要视具体情况而定。具体的判断标准是，如果某项安全控制措施要对本系统之外的其他系统产生作用，该控制措施便可视为公共控制。

2．考虑作用域

通过考虑安全控制措施的作用域，可以从基线控制中删除不必要的控制措施。具体可从以下方面考虑。

（1）安全控制分配/位置的考虑。有些控制措施只适用于系统的一部分组件。如 AC-18（1）（使用鉴别/加密机制保护无线访问）的实施中，如果“供访问者使用的子系统”与系统的其他部分没有连接，则对该子系统的无线访问不需使用 AC-18（1）。

（2）运行环境相关的考虑。基线控制中的假设发生以下变化时，某些安全控制措施可能不适用：移动性（此时，物理安全控制可以删除）；单用户系统；数据互联和带宽（例如，有些系统没有连接其他系统，则 AC-17 远程访问、SC-8 传输保密性则删除；有些系统的带宽很小，如战场中的战术系统，则某些控制的实施缺少条件，且攻击者也很难发动攻击）；系统或系统组件的功能十分有限（如打印机、扫描仪、数字相机等，此时 SI-3 恶意代码防护可以删除，但考虑到技术发展趋势，应对此十分谨慎）；非持久性的信息和系统（如对工控系统中的信息，CP-6 其他的存储地点、CP-7 其他的处理地点等可删除）。

（3）安全目标相关的考虑。某些控制措施只支持保密性、完整性或可用性，如系统安全目标在该项方面较低时，此项控制措施可以弱化。

（4）技术相关的考虑。某些针对特定技术的安全控制措施（如无线、加密、PKI 等）在该项技术未使用时可以删除。

（5）政策法规相关的考虑。政策法规未禁止时，相关控制措施方可使用。

（6）任务使命相关的考虑。如某些控制措施与该系统的任务使命相冲突，该控制可删除（如操作员控制端要求屏幕显示不可中断，则 AC-11 会话锁定、SC-10 联网中断可删除。

3. 选择补偿控制

该步是为了替换基线中的某些安全控制措施。当基线中的某些控制措施不能有效实现时（如实施环境不具备，或者实施成本过高），需要使用类似的控制措施进行替换，但一般要符合以下程序：尽可能从 NIST 800-53 中选择替代性的安全控制措施，确实找不到时方可使用其他标准中的安全控制措施；要说明为什么基线中的安全控制措施不可实施，以及所选择的替代性的安全控制措施为何能够提供同等的安全效果；要评估替代性的安全控制实施后的风险，确保此风险可接受。

4. 赋值

这是根据具体系统的需求，对标准中的“赋值”和“选择”进行具体化。

5. 补充基线控制

有时候需要对基线控制进行补充。如为了应对 APT、信息跨域流动、处理涉密信息等。可从标准中选择其他的安全控制措施（原则上不从其他资料中选择）。但有时候，不需要改变基线中的安全控制措施，同样也可以提高系统的安全性，如限制系统中处理、存储或传输的信息，或者限制系统的运行方式；禁止对系统的外部访问。这需要系统建设者根据具体情况考虑。

五、结束语

中国国家标准《信息安全技术　云计算服务安全能力要求》的起草原则之一是充分参考国际和国外已有标准。但同时，也要符合我国云计算产业发展的实际，技术上适当超前，引导云计算安全措施的应用。FedRAMP 云安全基线源于 SP 800-53，经过近几年 FedRAMP 的运行，已经证明了其合理性和科学性。

但 FedRAMP 云安全基线主要还是提出了通用要求，对云计算的特性反映并不多。为此，我们特别在国家标准中增加了系统虚拟化、网络虚拟化、存储虚拟化等方面的安全要求。考虑到技术发展趋势，标准总体上适度保持技术中立，对一些疑难问题提出了原则性总体要求，以指引技术进步。经过对国外经验的深入学习和借鉴，相信国家标准《信息安全技术云计算服务安全能力要求》会发挥出推动网络安全审查制度发展，加强云计算安全管理，维护国家网络安全的重要作用。

扩展阅读：

美国设立云安全审查制度，全面加强云安全管理

一、FedRAMP 简介

美国于 2010 年年底提出了“云优先”战略，明确要求各政府部门在 2012 年 6 月前将至少三项服务迁移至云平台。随后于 2011 年 2 月发布《联邦云计算战略》，提出美国政府每年 IT 开支（约 800 亿美元）的四分之一左右可以

用于云平台。之后，美国政府问责办公室(GAO，前身为国家审计总署)对“云优先”政策执行情况进行了评估，结果显示“云优先”政策运行良好。

在越来越享受到云计算服务便利性的同时，为确保安全，美国提出为联邦政府提供的云计算服务必须通过安全审查。2011 年，联邦预算管理局宣布启动 FedRAMP（联邦风险和授权管理计划），标志着美国正式建立联邦政府云计算服务安全管理制度，该计划的领导决策机构是“联合授权委员会”，由国防部（以国家安全局代表国防部）、国土安全部、总务署三方派出代表组成，负责制定云安全基线，批准第三方机构认定标准，对云计算服务进行初始授权等。基本工作思路是，由第三方评估机构根据相关标准对云计算服务进行安全风险评估，联合授权委员会根据评估结果对云服务商进行审查，对通过审查的云计算服务给予初始授权，各联邦政府部门均可在初始授权名单内根据自身需求选择云计算服务，对云服务商进行最终授权（即同意本部门采购该云服务）。由于各部门可共享安全评估与审查结果，从而避免了重复评估和审查。这实际上是一种“白名单”机制。

FedRAMP 明确要求联邦机构从 2014 年 6 月起，必须采购和使用满足安全审查要求的云计算服务。截至 2014 年下半年，FedRAMP 共认定了 43 家从事云计算服务安全评估的第三方机构，并已有 58 家云计算服务商的 80 项云计算服务通过了安全审查。

二、FedRAMP 管理云计算服务的方法学依据

早在 2002 年，美国发布的《联邦信息安全管理法》（FISMA）已为 FedRAMP 管理云计算服务的合理性奠定了基础。

该法案将“联邦信息系统”定义为由行政机构、行政机构的合同商或者代表行政机构的其他组织使用或运行的信息系统，并建立了联邦信息系统安全认证认可制度（后更名为“评估和授权”制度）。

FISMA 法案规定，以下三类系统需要落实联邦信息安全管理要求：①联

邦机构自身的信息系统(国家安全系统除外);②代表联邦机构履行行政职能的各类机构的信息系统;③满足下列条件之一的联邦机构合同商的信息系统,一是存储了联邦机构的信息,二是承载了联邦机构的业务(云计算服务便是典型)。FISMA 法案建立的联邦信息系统安全认证认可制度有三点核心要求:①所有运行联邦信息系统的单位应按照NIST制定的有关标准和指南的要求,对联邦信息系统进行安全保护;②所有联邦信息系统必须开展安全评估(即“认证”,后更名为“评估”),以验证其是否满足 NIST 有关标准和指南;③所有联邦信息系统在运行之前,都要由本机构的最高管理层基于安全评估结果及其他有关因素,书面授权其信息系统是否可以投入运行(即“认可”,后更名为“授权”)。

上述规定表明,FedRAMP 对云计算的安全评估和授权本质上不是一种行政行为,也不是一种审批或审查行为,而是对自己系统的自我安全管理行为,是合理且应当的。

除民用领域外，美国军方积极使用云计算技术，以提升作战效能。为确保军队使用云计算的安全，美国国防部于 2015 年 1 月发布了《国防部云计算安全要求指南》。本文发表于 2015 年 12 月，对《国防部云计算安全要求指南》进行了分析研究，以期对我国涉密系统、军事系统使用云计算提供参考[13]。

——美军方加快部署云计算并加强安全管理

[13] 原文发表于《信息技术与标准化》，2015 年 12 月。

美国国防部云计算安全指南简析

2012 年 7 月，美国国防部（DoD）首席信息官发布了云计算战略，力图“使国防部现有的网络应用从重复、繁琐、成本高昂的状态转变为灵活、安全且经济高效的终极状态”。在积极采用云计算技术的过程中，DoD 不仅自建云，还积极考虑采用商业云计算服务，以减少成本。鉴于云计算服务特别是商业云计算服务可能会带来很多新的安全风险，2014 年 12 月 15 日，DoD 发布首席信息官备忘录《采购和使用商业云计算服务新指南》，要求各部门在采购商业云计算服务时，至少要满足美国联邦政府的云计算服务安全管理制度 FedRAMP（联邦风险和授权管理计划）所列出的安全要求以及国防信息系统局（DISA）的云计算安全要求指南。为落实该备忘录的要求，国防信息系统局（DISA）于 2015 年 1 月发布了《国防部云计算安全要求指南》（第 1 版），取代了 DoD 此前发布的各类云计算安全文献。2015 年 4 月，亚马逊 AWS 通过了 DoD 的云安全审查，成为第一家获得国防部 PA（临时授权）的商业云服务商，且其级别达到国防部除涉密信息以外的最高级（第 5 级）。

一、国防部云计算安全管理的制度基础

（一）FedRAMP 制度

美国联邦政府最早提出了“云优先战略”，要求大量联邦政府信息系统迁移

到“云端”。同时，为确保安全，美国规定为联邦政府提供的云计算服务必须通过安全审查。但为了避免多个政府部门对同一云服务商重复审查，美国确立了“一次审查、多方使用”的原则。2011 年，联邦预算管理局发布首席信息官备忘录《云计算环境信息系统安全授权》，宣布启动 FedRAMP，即“联邦风险和授权管理计划”。FedRAMP 的领导决策机构是“联合授权委员会”，由国防部、国土安全部、总务署三方派出代表组成，负责制定云安全基线，批准第三方机构认定标准，对云计算服务进行初始授权等。

FedRAMP 明确要求联邦机构从 2014 年 6 月起，必须采购和使用满足安全审查要求的云计算服务。其基本工作思路是由第三方评估机构根据相关标准对云计算服务进行安全风险评估，联合授权委员会根据评估结果对云服务商进行审查，对通过审查的云计算服务给予初始授权（PA），各联邦政府部门均可在初始授权名单内根据自身需求选择云计算服务，对云服务商进行运营授权（ATO）。由于各部门可共享安全评估与审查结果，从而避免了重复评估和审查。这实际上是一种“白名单”机制。

（二）DITSCAP 制度

美国军方对军事信息系统提出的安全管理总要求主要体现在两部文献中：DoD 指南 8500.01 号《网络安全》（2014 年 3 月 14 日最新版）以及 DoD 指南 8510.01 号《DoD 信息技术风险管理框架》（2014 年 3 月 12 日最新版）。这两部文献确立了美国军事信息系统的安全评估和授权制度（DITSCAP）。该制度规定，国防部各部门的信息系统要符合军方信息系统安全标准的要求，并经该部门最高管理层组织评估和进行授权之后，信息系统方可运行。云计算系统当然也不例外，但这会出现与联邦信息系统一样的问题：多个部门对同一个云平台进行重复授权。为此，美国国防部参考了 FedRAMP 的设计思想，统一由国防信息系统局（DISA）对军事领域拟使用的云计算服务进行审查（即授权），审查的标准正是《国防部云计算安全要求指南》。

二、国防部云计算安全管理框架

（一）国防部云、联邦政府云、商业云均可在军队使用

从管理角度，《国防部云计算安全要求指南》将云服务分为三种：国防部云服务（国防部拥有和运行的云服务）、联邦云服务（联邦政府拥有和运行的云服务）和商业云服务。三者皆可用，但根据可承载的业务和数据敏感度的不同，安全要求也不同。

（二）以信息敏感级为依据，提出四个级别的安全要求

根据《国防部云计算安全要求指南》，机密级以上的信息不适用于目前的云计算安全管理框架。机密级（含）以下的云可以迁移到国防部云、联邦政府云或商业云上，相关安全要求与信息的敏感级有关。低级别信息可以迁移到高级别云上，但高级别信息不可迁移到低级别云上。

根据信息敏感级的不同，《国防部云计算安全要求指南》定义了 4 个级别的信息（对原有的 6 个级别作了合并，为方便计，其编号仍沿用了以前的惯例）。

- 第 2 级，包括公开发布的信息和不受控的非涉密信息。
- 第 4 级，受控非涉密信息，如隐私信息。
- 第 5 级，除一般受控非涉密信息之外的其他高度敏感但非涉密信息，以及非涉密的国家安全系统信息。
- 第 6 级，秘密级和机密级信息。

（三）以 FedRAMP 为基础，建立 FedRAMP+

美国国防部云计算安全管理以 FedRAMP 为基础，针对军方的需求进行补充（如应对 APT 攻击等），即 FedRAMP+。对于已经通过 FedRAMP 审查的云

服务商，接受国防部 FedRAMP+审查时的流程将大大简化。国防部之所以如此高度采信 FedRAMP，是因为 FedRAMP 的三个参与方——总务管理局 GSA、国土安全部 DHS、国家安全局 NSA 之中，NSA 已经代表国防部深度介入了 FedRAMP。

FedRAMP+安全基线来自 FedRAMP 的中级基线（FedRAMP 的低级基线在国防部中不再使用），但在此基础上新增了 44 项安全控制要求。

（四）仍可利用 FedRAMP 已批准的第三方机构

对 FedRAMP+的要求进行评估时，军方不排斥 FedRAMP 已认定的第三方机构，也可由国防部认定的第三方机构承担评估任务。但国防部保留了最终决策权，规定由国防信息系统局（DISA）云安全控制评估员负责对总体风险做出研判，以此为国防部临时授权提供决策支撑。同时，国防信息系统局（DISA）云安全控制评估员做出的风险研判要列入国防部云服务目录，供国防部所有人查阅。

（五）持续监督和变更控制由国防信息系统局负责

国防部非常重视对云服务商的持续监督和变更控制，这一权限牢牢掌握在国防部手中。考虑到为军方提供云服务的平台，有的只通过了 FedFRAMP，有的先通过 FedFRAMP 后又通过了 FedFRAMP+，有的未进行 FedFRAMP 审查而直接通过了国防部审查，且各个云已拥有的授权状态各不相同（联邦初始授权 PA、联邦运营授权 ATO、国防部初始授权 PA、国防部运营授权 ATO 等），持续监督和变更控制的流程稍有不同。但最终，国防信息系统局要对持续监督和变更控制总负责。

三、重点技术要求

（一）法律管辖权

法律管辖权意味着对数据和设施的最终控制权，《国防部云计算安全要求指南》规定，国防部数据必须存储在美国具有排他性法律管辖权的地方。具体是，美国 50 个州、哥伦比亚特区及美国海外属地的非国防部控制的地域内，可以存储国防部的公开信息和一般受控非涉密信息。敏感的受控非涉密信息和秘密、机密信息则只能存储在国防部控制的地域内（云服务平台必须位于国防部所辖边界之内）。

（二）隔离

为防止多租户情况下的信息泄露，《国防部云计算安全要求指南》对第 5 级（高敏感受控非涉密信息）和第 6 级信息（秘密和机密信息）提出了以下隔离要求。

第 5 级信息只能存储在专用基础设施内，不得使用公共服务提供商的服务。具体是，仅国防部私有云、国防部社区云或联邦政府社区云可处理第 5 级信息；各个租户或业务系统之间至少要实现虚拟/逻辑隔离；必须与非国防部或非联邦政府租户进行物理隔离。

第 6 级信息必须在专用云基础设施中存储和处理，且专用云基础设施必须位于已授权可处理涉密信息的场所内，且授权的处理密级要等于或大于实际处理的信息密级。处理第 6 级信息的设施需要拥有设施安全许可证，并经过人员安全审查程序。具体是，只有国防部私有云、国防部社区云，或者完全独立或与机密级网络相连的联邦政府社区云，才能处理第 6 级信息。各个租户或业务系统之间至少要实现虚拟/逻辑隔离，且必须与非国防部或非联邦政府租户进行物理隔离。

（三）人员安全

《国防部云计算安全要求指南》从两个方面提出了人员安全要求。

一是“岗位分类”。要求云服务商落实国防部的人事管理制度，明确云服务商所有相关人员的岗位风险。特别是，凡是能够接触受控非涉密信息或涉密信息的人，必须满足国防部人事管理制度中规定的“关键敏感”或“高风险”岗位安全要求。

二是背景调查。第 4 级和第 5 级信息均属于受控非涉密信息，该类信息所在的云平台相关人员必须满足 FedRAMP 中级基线、FedRAMP+增强型控制以及国防部的人员安全政策要求，并接受 OPM（人事管理局）政策规定的背景核查。在国防部内部，这种对“关键敏感”岗位进行的最低背景核查，称为“单一范围背景调查”（SSBI）或者“‘高风险’岗位背景调查”（BI）。对第 6 级信息，能接触此类信息的人还必须拥有相应级别的安全许可证。

（四）数据存储安全

《国防部云计算安全要求指南》从四个方面提出了数据存储安全要求。

一是加密要求。除第 2 级外，4、5、6 级的数据必须由 FIPS140-2 认证的静态数据加密措施进行保护。

二是发生数据泄露后的处置要求。国防部的任何一类业务所有者都必须采取措施防范数据泄露的不利影响，以保护已泄露的数据、虚拟系统和网络，以及云基础设施。

三是数据恢复和销毁要求。云服务商要支持业务所有者恢复和移除云服务商基础设施上存储的数据，并确保在成功恢复和转移数据之后，云服务商基础设施内的数据可被及时销毁或删除。

四是介质和硬件的重用与破坏要求。存储过国防部数据的介质或其他硬件必须得到妥善处理，未经国防部同意不得重新使用或转让给第三方。

（五）网络体系结构

《国防部云计算安全要求指南》从五个方面提出了网络体系结构的要求。

一是云访问点要求。国防部规定，用于存储敏感数据的商业云服务必须通过云访问点(CAP)与国防部客户连接。在 CAP 处，国防部则集中部署了有关安全设备。

二是对网络平面、用户/数据平面、管理平面的要求。针对国防部辖区外的非国防部云服务商，以及国防部辖区内的国防部与非国防部云服务商基础设施，《国防部云计算安全要求指南》分别给出了数据流、控制流的网络拓扑要求。

三是“纵深防御”要求。分别在 SaaS 及 Iaas、PaaS 下，云平台要实施“纵深防御策略”，如对静态和传输数据进行加密，对操作系统进行加固等。

四是域名安全要求。国防部的所有信息系统必须使用授权的 DNS 服务器，不得使用公共或商业 DNS 服务器。此外，所有国防部系统必须以.mil 为域名。

五是国防部自身的体系结构要求。例如，在 SaaS 下，要遵照国防部白名单，对各类服务/应用程序进行注册；在 Iaas、PaaS 下，虚拟机之间的信息流动必须可控。

四、分级网络安全管理模式对比

美国国防部对云计算服务采取了分级网络安全管理模式，各级的对比如表 3 所示。

表 3　美国国防部云计算安全要求分级对比

级别	具体内涵	适用的安全控制	物理位置要求	连接要求	隔离要求	人员安全要求
2	公开信息，或非关键性的业务信息	FedRAMP 的中级基线	美国境内、美属地区或国防部辖区	互联网连接	与公共社区进行虚拟或逻辑隔离	“国家机关检查和询问”（NACI）
4	受控非涉密信息，或非受控、非涉密但与关键业务相关的信息	第 2 级基础上，增加对“受控非涉密信息”的特定安全要求	美国境内、美属地区或国防部辖区	通过统一的 CAP（云访问点），连接 NIPRNet（非安全 IP 路由网）	与公共社区进行虚拟或逻辑隔离，在各个租户的系统之间采用强虚拟隔离方式	“单一范围背景调查”(SSBI)、“国家机关法律检查和信用调查”(NAC-LC)、保密协议（NDA）
5	高度敏感的受控非涉密信息，国家安全系统中的非涉密信息	第 4 级基础上，增加对国家安全系统和高敏感信息的特定安全要求	国防部辖区	通过统一的 CAP（云访问点），连接 NIPRNet（非安全 IP 路由网）	与联邦政府公共社区进行虚拟或逻辑隔离，使用专用的多租户基础设施，与非联邦系统进行物理隔离，在各个租户的系统之间采用强虚拟隔离方式	
6	秘密信息与机密信息	第 5 级基础上，增加对涉密信息的安全要求	国防部辖区	通过统一的 CAP（云访问点），连接 SIPRNet（机密级 IP 路由网）	与联邦政府公共社区进行虚拟或逻辑隔离，使用专用的多租户基础设施，与非联邦系统和非涉密系统进行物理隔离，在各个租户的系统之间采用强虚拟隔离方式	机密级人员许可证、保密协议（NDA）

五、对我国有关工作的建议

一是在涉密系统、要害信息系统大力推进云计算技术应用。涉密系统、要害信息系统不是云计算的“禁区”。相反，云计算技术不但有利于减少 IT 投资，还能够有效实现“终端不留密”，统一桌面配置等涉密系统的强制安全要求，可使管理成本大大降低。从美国军方的实践看，利用商业云计算服务处理高敏感的非涉密信息是完全可行的，也不必排斥利用私有云处理涉密信息。当然，这对网络安全提出了更高的要求，《国防部云计算安全要求指南》为我国制定高安全等级云计算标准提供了借鉴。我国已经颁布了 GB/T 31168—2014《信息安全技术云计算服务安全技术要求》，但这个标准不适用于高敏感或涉密系统，可以在此基础上扩充物理位置、隔离、人员安全、网络体系结构等要求，使之具有更广泛的适用性。

二是抓紧将我国党政部门云计算服务网络安全管理制度延伸到其他重要领域。美国军方的云计算安全管理框架以 FedRAMP 制度为基础，针对军方的特定要求做了流程上的微调和标准上的扩展。参照 FedRAMP 制度，我国已印发《关于加强党政部门云计算服务网络安全管理的意见》（中网办发文〔2014〕14 号），要求在党政部门建立云计算服务安全审查机制，并提出“鼓励重点行业优先采购和使用通过安全审查的服务商提供的云计算服务”。美方的实践证明，不需要另起炉灶，党政部门的云计算服务安全审查结果可以在更大范围内得到采信。

三是突出重点，结合已有标准构建云计算安全标准体系。云计算技术本质上不是一种新技术，而是应用模式创新。云计算特有的安全风险主要来自信任问题，即客户的业务和数据在迁移到云服务商的平台后如何保持对服务商及其平台的信任。《国防部云计算安全要求指南》的主要安全关注均与信任模型有关。美国国防部也指出，《国防部云计算安全要求指南》只是军方云计算安全标准体系的一部分，其余标准仍是边界防护、操作系统加固等已有安全标准。在构建我国云计算安全标准体系时，没有必要对传统计算模式下的网络安全标准推倒重来，而是应该聚焦云计算技术引用的不可控、不可信等新安全风险，并加大对已有标准的规范性引用。

❀扩展阅读：

美国国防部云安全管理制度

近年来，美国国防部（DOD）大力推进云计算技术在军事领域的应用，极力削减其原有的1500个数据中心。2012年7月，DOD首席信息官发布了云计算战略，以“将国防部从当前重复、繁琐且昂贵的应用程序竖井的状态转变为可快速应对不断变化的任务需求的灵活、安全且经济高效的服务环境终极状态”。在积极采用云计算技术的过程中，DOD不仅自建云，还积极考虑采用商业云计算服务，以减少成本。考虑到云计算服务特别是商业云计算服务可能会带来很多新的安全风险，2014年12月15日，DOD发布首席信息官备忘录《采购和使用商业云计算服务新指南》，要求军队各部门在采购商业云计算服务时，至少要满足美国联邦政府的云计算服务安全管理制度FedRAMP（联邦风险和授权管理计划）所列出的安全要求以及国防信息系统局（DISA）的云计算安全要求指南。为落实该备忘录的要求，国防信息系统局（DISA）于2015年1月发布了《国防部云计算安全要求指南》（第1版）。作为美国军方使用云计算的总体安全要求，该指南取代了DOD此前发布的各类云计算安全文献。

通过以上文件，美国军方初步建立了云计算服务的网络安全管理框架。2015年4月，亚马逊AWS通过了DOD的云安全审查，成为第一家获得国防部PA（初始授权）的商业云服务商，且其级别达到国防部除涉密信息以外的最高级（第5级）。

为了加强云计算服务网络安全管理，我国启动了相关国家标准的研制。本文发表于 2014 年 12 月，对由作者本人牵头执笔起草的国家标准 GB/T 31168—2014《信息安全技术 云计算服务安全能力要求》进行了解读[14]。

——我国制定云安全标准，管控新技术安全风险

[14] 原文发表于《电子技术应用》，2014 年 8 月。

国家标准《云计算服务安全能力要求》解析

2014 年 5 月 22 日，中国政府宣布将实施网络安全审查制度。作为网络安全审查制度的组成部分，政府部门云计算服务安全审查制度正在加快推进。为了支撑这项工作，国标委先后下达了《云计算服务安全指南》和《云计算服务安全能力要求》国家标准编制任务。前者面向政府部门，指导政府部门如何更好地使用云计算服务；后者面向云服务商，对云服务商提出了安全能力要求。两部标准已经正式发布，分别为 GB/T 31167《信息安全技术 云计算服务安全指南》和 GB/T 31168《信息安全技术 云计算服务安全能力要求》。本文对 GB/T 31168 标准（以下简称《能力要求》）作了全面解读

一、标准用途和适用范围

我国的政府部门云计算服务安全审查借鉴了美国联邦政府的云计算服务安全审查制度 FedRAMP（联邦风险及授权管理项目），其基本流程是：拟向政府提供服务的云服务商，需要由第三方评估机构进行安全评估，以验证其是否满足《能力要求》；评估结果将向专家委员会提交，由专家委员会做出综合评价后，审查工作办公室发布批准公告；政府部门只能从通过审查的云服务商名单中采购云计算服务。

《能力要求》描述了以社会化方式为政府客户提供云计算服务时，云服务商应具备的信息安全技术和管理能力。标准适用于对政府部门使用的云计算服务

进行安全管理，也可供重点行业和其他企事业单位使用云计算服务时参考，还适用于指导云服务商建设安全的云计算平台和提供安全的云计算服务。

目前，云计算服务安全审查面向的是政府部门使用的云服务。从技术角度而言，《能力要求》也同样适用于重点行业，但这需要有专门文件对重点行业建立云计算服务安全审查制度做出规定。

云计算服务安全审查关注的是政府部门的业务和数据迁移到非受控的云环境后所面临的网络安全风险，政府部门如自建或自己运行云平台，则不在审查之列。因此，《能力要求》在“适用范围”中强调了“社会化方式”。

二、《能力要求》关注的重点安全问题

《能力要求》反映了云服务商在保障云计算环境中客户信息和业务的安全时应具备的基本能力。这些安全要求分为 10 类，每一类安全要求包含若干项具体要求。

1. 系统开发与供应链安全

云服务商应在开发云计算平台时对其提供充分保护，对信息系统、组件和服务的开发商提出相应要求，为云计算平台配置足够的资源，并充分考虑安全需求。云服务商应确保其下级供应商采取了必要的安全措施。云服务商还应为客户提供有关安全措施的文档和信息，配合客户完成对信息系统和业务的管理。

2. 系统与通信保护

云服务商应在云计算平台的外部边界和内部关键边界上监视、控制和保护网络通信，并采用结构化设计、软件开发技术和软件工程方法有效保护云计算平台的安全性。

3. 访问控制

云服务商应严格保护云计算平台的客户数据，在允许人员、进程、设备访问云计算平台之前，应对其进行身份标识及鉴别，并限制其可执行的操作和使用的功能。

4. 配置管理

云服务商应对云计算平台进行配置管理，在系统生命周期内建立和维护云计算平台（包括硬件、软件、文档等）的基线配置和详细清单，并设置和实现云计算平台中各类产品的安全配置参数。

5. 维护

云服务商应维护好云计算平台设施和软件系统，并对维护所使用的工具、技术、机制以及维护人员进行有效的控制，且做好相关记录。

6. 应急响应与灾备

云服务商应为云计算平台制定应急响应计划，并定期演练，确保在紧急情况下重要信息资源的可用性。云服务商应建立事件处理计划，包括对事件的预防、检测、分析和控制及系统恢复等，对事件进行跟踪、记录并向相关人员报告。云服务商应具备容灾恢复能力，建立必要的备份与恢复设施和机制，确保客户业务可持续。

7. 审计

云服务商应根据安全需求和客户要求，制定可审计事件清单，明确审计记录内容，实施审计并妥善保存审计记录，对审计记录进行定期分析和审查，还应防范对审计记录的非授权访问、修改和删除行为。

8. 风险评估与持续监控

云服务商应定期或在威胁环境发生变化时，对云计算平台进行风险评估，确保云计算平台的安全风险处于可接受水平。云服务商应制定监控目标清单，对目标进行持续安全监控，并在发生异常和非授权情况时发出警报。

9. 安全组织与人员

云服务商应确保能够接触客户信息或业务的各类人员（包括供应商人员）上岗时具备履行其安全责任的素质和能力，还应在授予相关人员访问权限之前对其进行审查并定期复查，在人员调动或离职时履行安全程序，对于违反安全规定的人员进行处罚。

10. 物理与环境保护

云服务商应确保机房位于中国境内，机房选址、设计、供电、消防、温湿度控制等符合相关标准的要求。云服务商应对机房进行监控，严格限制各类人员与运行中的云计算平台设备进行物理接触，确需接触的，需通过云服务商的明确授权。

三、《能力要求》编制原则

1. 充分参考国际和国外已有标准

考虑到国内云计算安全标准相关资料欠缺，同时也是为了有效应对信息安全贸易争端，《能力要求》充分吸收了已有国际和国外云安全相关标准，保持与国际和国外标准的合理衔接，尽可能吸收国外云计算安全管理的经验。特别是，考虑到“棱镜门”事件暴露出的国外产品和服务中潜在的安全风险，《能力要求》特别借鉴了国际上关于供应链信息安全管理的要求。除 FedRAMP 云计算安全基线外，《能力要求》还参考、吸收了国际标准草案 ISO/IEC WD TS 27017《基于 ISO/IEC 27002 使用云计算服务的安全指南》，以及国际云安全联盟（CSA）发布的《云安全指南》v3.0。

2. 符合我国云计算产业发展的实际，技术上适当超前，引导云计算安全措施的应用

国际和国外云安全标准主要是提出了通用要求，对云计算的特性反映不多。《能力要求》特别增加了系统虚拟化、网络虚拟化、存储虚拟化等方面的安全要求。但考虑到技术发展趋势，标准总体上保持技术中立，对一些疑难问题提出了原则性总体要求，以指引技术进步。

3. 不仅关注安全功能要求，更关注安全保障要求

“安全保障”指安全功能实现的正确性和有效性，主要通过设计、生产、交付等过程中的安全控制予以实现。就如同 CC（《信息技术安全性评估通用准则》）刚刚引入中国时一样，我国企业对安全保障（Security Assurance）能力往往关注不够，但这恰恰对安全至关重要，也是我国企业与国外企业的差距所在。《能力要求》借鉴国外经验，提出了很多安全保障方面能力要求。这并非是对国内企业设立的高门槛，而是国内企业必须努力的方向。国外企业也不会因为已经适应国外标准的类似要求而形成对中国企业的不公平领先优势，因为这些保障要求与产品和服务的透明度有关，很多国外企业往往愿意给本国的管理机构提供有关安全保障能力的证据，但却不愿向中国提供。

4. 为管理提供灵活度

《能力要求》在表述形式上作了创新。考虑到即使对同等安全能力水平的云服务商，其实现安全要求的方式也可能会有差异，为此引入了“赋值”和“选择”这两种操作，并以[赋值：……]和[选择：……；……]的形式给出。“赋值”表示云服务商在实现安全要求时，要由云服务商定义具体的数值或内容。“选择”

表示云服务商在实现安全要求时，应选择一个给定的数值或内容。这种方式既避免了对云服务商直接提出强制性的安全要求，同时也框定了安全要求的边界。

四、《能力要求》方法学

（一）安全措施的实施责任

《能力要求》与其他标准的一个重大区别是，传统的网络安全指标的实施主体明确，如由用户负责或由服务商负责。但云环境下，安全措施的实施主体情况十分复杂。为此，《能力要求》划分了不同模式下安全措施的责任边界。云计算环境的安全性由云服务商和客户共同保障。在某些情况下，云服务商还要依靠其他组织提供计算资源和服务，其他组织也应承担安全责任。因此，云计算安全措施的实施主体有多个，各类主体的安全责任因不同的云计算服务模式而异，如图 4 所示。

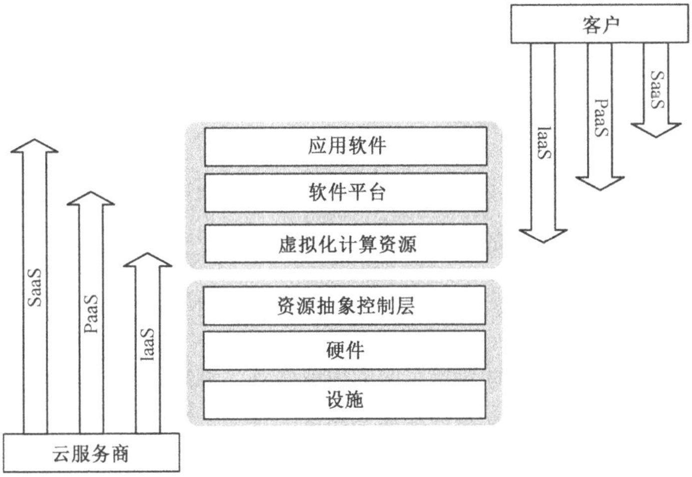

图 4　服务模式与安全控制措施范围的关系

图4中，云计算的设施层（物理环境）、硬件层（物理设备）、资源抽象和控制层都处于云服务商的完全控制下，所有安全责任由云服务商承担。应用软件层、软件平台层、虚拟化计算资源层的安全责任则由双方共同承担，越靠近底层的云计算服务（即 IaaS），客户的管理和安全责任越大；反之，云服务商的管理和安全责任越大。

考虑到云服务商可能还需要其他组织提供的服务，如 SaaS 或 PaaS 服务提供商可能依赖于 IaaS 服务提供商的基础资源服务。在这种情况下，一些安全措施由其他组织提供。

《能力要求》不对客户承担的安全责任提出要求。客户应参照《云计算服务安全指南》及其他有关信息安全的标准规范落实其安全责任。

如云服务商依赖于其他组织提供的服务或产品，则其所承担的安全责任直接或间接地转移至其他组织，云服务商应以合同或其他方式对相应安全责任进行规定并予以落实。但是，云服务商仍是客户或主管部门开展云计算服务安全管理的直接对象。

（二）安全措施的作用范围

在同一个云计算平台上，可能有多个应用系统或服务，某些安全措施应作用于整个云计算平台。例如，云服务商实施的人员安全措施即适用于云计算平台上每一个应用系统。这类安全措施称为通用安全措施。

某些安全措施则仅是针对特定的应用或服务，例如云计算平台上电子邮件系统的访问控制措施与字处理系统的访问控制措施可能不同。这类安全措施称为专用安全措施。

在特殊情况下，某些安全措施的一部分属于通用安全措施，另一部分则属于专用安全措施，例如云计算平台上电子邮件系统的应急响应计划既要利用云服务商的整体应急响应资源（如应急支援队伍），也要针对电子邮件系统的备份与恢复做出专门考虑，这类安全措施称为混合安全措施。

云服务商申请为客户提供云计算服务时，所申请的每一类云计算应用或服务均应实现本标准规定的安全要求。云服务商可以不再重复实现通用安全措施，平台上每个具体的应用系统或服务直接继承该安全措施即可。

（三）安全要求的表述形式

根据云服务商的安全能力水平，《能力要求》将安全要求分为一般要求和增强要求。标准中每一项安全要求均以一般要求和增强要求的形式给出。增强要求是对一般要求的补充和强化。在实现增强要求时，一般要求应首先得到满足。

政府部门应对拟迁移至云计算平台的数据和业务系统进行分析，按照数据和业务的敏感及重要程度选择相应安全能力水平的云服务商。

《能力要求》与现有国家信息安全等级保护标准 GB/T 22239—2008《信息系统安全等级保护基本要求》不矛盾、不冲突，也不重复。云服务商应当首先满足 GB/T 22239—2008 的要求，《能力要求》可与 GB/T 22239—2008 一起使用，未修改或降低等级保护标准所规定的要求。编制组建议，安全能力为一般级的云服务商应当首先满足等级保护二级的安全要求，安全能力为增强级的云服务商应当首先满足等级保护三级的安全要求。

（四）安全要求的调整

《能力要求》提出的安全要求是通常情况下云服务商应具备的基本安全能力。

在具体的应用场景下，云服务商有可能需要对这些安全要求进行调整。

（1）已知某些目标政府用户有特殊的需求。

（2）云服务商的安全责任因 SaaS、PaaS 和 IaaS 这 3 种不同的云计算服务模式而不同，云服务商为了实现标准中规定的安全要求，所选择安全措施的实施范围、实施强度可能不同。

（3）出于成本等因素考虑，云服务商可能希望实现替代性的安全要求。

（4）云服务商希望表现更强的安全能力，以便于吸引客户。

调整可视为对本标准提出的基本安全能力要求的具体化，调整的方式如下。

（1）删减：未实现某项安全要求，或只实现了某项安全要求的一部分。

（2）补充：某项基本安全要求不足以满足云服务商的特定安全目标，故增加新的安全要求，或对标准中规定的某项安全要求进行强化。

（3）替代：使用其他安全要求替代标准中规定的某项安全要求，以满足相同的安全目标。

（五）安全计划模版

为便于评估，编制组还研究制定了安全计划模板，可作为云计算安全评估的重要依据。云服务商应在安全计划中详细说明对《能力要求》提出的安全要求的实现情况，并对“赋值”和“选择”给出具体的数值或内容，必要时还需对标准提出的安全要求进行调整。

当云计算平台提供多个应用或服务时，云服务商应分别制订每个应用或服务的安全计划。

五、总结

《能力要求》的重要意义在于，这不但是我国首部云计算安全国家标准，也是我国首部网络安全审查的技术支撑文件。这部标准反映了网络安全审查工作的重点关注事项：不但涉及安全功能，还涉及保障过程；不但涉及产品和服务自身，还涉及开发商、供应商的背景。其最终目的是全面反映云服务的可信性、可控性和透明性。《能力要求》在内容上既考虑了云计算的安全特性，也具备适用于各类信息技术服务的通用性，使得标准可以在不对内容做重大变更的情况下用于信息技术服务安全管理。

❀扩展阅读：

借鉴美国 FedRAMP 制度，我国制定云安全管理国家标准

随着云计算技术和产业的发展，云计算服务凭借其低成本、高效能和灵活的应用受到各国政府的青睐，我国也正逐步推动电子政务“云”化进程。在提高资源利用率，提高为民服务效率与水平的同时，党政部门采购云计算服务面临的安全风险也日益凸显，如用户对数据、系统的控制管理能力减弱；安全责任不明确，尤其在数据和业务的外包的情况下；云计算平台更加复杂，风险和隐患增多，控制和监管手段不足；云计算平台间的互操作和移植比较困难，用户数据和业务迁移到云计算平台后容易形成对云计算服务提供者的过度依赖等。

对此，参照美国的 FedRAMP，我国正在建立党政机关云计算服务安全管理制度，其核心就是对党政机关使用的云计算服务实施安全审查。

为有效落实云计算服务安全审查工作，加强政府信息系统安全管理，全

国信息安全标准化技术委员会秘书处开展了云计算安全标准体系和相关标准的研究，组织制定并于2014年发布了两部支撑性基础标准：《信息安全技术 云计算服务安全指南》（GB/T 31167—2014）和《信息安全技术 云计算服务安全能力要求》（GB/T 31168—2014），为开展政府部门云计算服务安全审查提供了重要依据。

《云计算服务安全指南》面向政府部门，描述了采用云计算的优势和管理云中的安全风险，介绍了政府部门如何选择和部署云计算服务，提出了云计算服务生命周期的全生命周期管理；《云计算服务安全能力要求》面向云服务商，参考FedRAMP云计算安全基线和ISO/IEC WD TS 27017《基于ISO/IEC 27002 使用云计算服务的安全指南》等国际标准，对政府部门和重要行业使用的云计算服务提出了安全能力要求，包括一般要求和增强要求。

制度工作篇

2014年5月，因美国司法部起诉我5名军人而使中美两国网络关系极度紧张之际，我国政府宣布正在建立网络安全审查制度。这是我国为了维护国家安全而实施的重大政策，引起了国内外广泛关注。一些外国政府、行业组织和企业质疑该政策是否符合WTO贸易规则，并试图对中国政府施压。本文发表于2014年8月，对该项制度与WTO规则的关系进行了分析，并结合中美网络空间竞争、博弈实例，对制度的实施提出了建议[1]。

——我国对外宣布，拟建立网络安全审查制度

[1] 原文发表于《中国信息安全》，2014年8月。

近年中美网络安全贸易纠纷回顾及其对网络安全审查制度的启示

网络安全审查制度是为维护国家网络安全而设立的一项重要制度，目前正在研究之中。其核心要求是，关系国家安全和公共利益的系统使用的重要信息技术产品和服务，应通过网络安全审查。即这项制度规范的是信息技术产品和服务，防止产品提供者借助提供产品之便，非法控制、干扰、中断用户系统，非法收集、存储、处理和利用用户有关信息。信息技术产品和服务本身是一种贸易对象，在经济全球化的背景下，这必然使我网络安全审查制度受到国内外密切关注，并经受国际贸易规则的考验。

在网络空间安全形势日益严峻，各国纷纷强化信息技术供应链管理的环境下，当前网络安全贸易纠纷逐渐增多，各方围绕贸易规则的博弈正酣，迄今仍未形成共识。乱局之中，产生于冷战时期的 WTO“国家安全例外”频频遭受拷问。近年来，美、欧、日等国家和一些地区一方面数次以贸易规则为依据发起对我网络安全管理政策的抨击，另一方面却以国家安全为由对我信息产业开拓国际市场横加阻挠。在网络安全审查制度将推出之际，有必要对西方一些国家及其产业界的反应做出预判，特别是要从历年来中美网络安全贸易纠纷中吸取经验教训，既要使我制度符合国际惯例，同时也要在国家安全这一底线前坚决不能退缩和让步。

一、近年来美方对我主要网络安全贸易诉求

以阻止我实施无线局域网安全标准 WAPI 为开端，近年来美国已联合欧、日等连续对我多项网络安全政策提出异议，有的议题甚至在 WTO 会议上反复提及，并已经成了美方代表的一项例行公事。这些诉求主要如下。

一是关于无线局域网安全标准 WAPI。有关部门原拟强制实施 WAPI 设备认证，在美国的交涉下宣布无限期推迟此制度。

二是关于信息安全产品认证。有关部门原拟将此制度作为市场准入措施强制实施，后经美、欧、日等国家和一些地区提出抗议，该项制度调整为仅在政府采购领域实施。

三是关于信息安全等级保护制度。我制度要求第三级以上信息系统应使用本国生产的自主信息安全产品，美方对此表示反对。美认为，根据 WTO 的国家安全例外，中国实施的任何强制性要求只能适用于军队和涉密信息系统，而重点行业则属于商用系统，不能认定是国家安全范畴。在信息安全产品认证纠纷中，即使中方后来做出了让步，日本驻华使馆仍照会我财政部，要求确认重点行业与政府采购无关，我财政部的确认函后在美、欧、日之间共享。

四是商用密码管理制度。美要求我完全放开对商用密码的管理。目前，该部条例正在按计划进行正常修订[2]，但美多次提出要为我国政府“派出美方专家，参与中国法规的起草”。

五是信息安全标准。美要求我等同采用国际标准，反对我自行制定国家标准。此外，美产业界还主张我推荐性国家标准也应向 WTO 通报，并要求参与中国标准的起草。值得注意的是，美对标准和评价制度的诉求已经写入了其《网

---

[2] 《密码法》已修订完成，并已于 2017 年 4 月公开征求意见。

络空间国际战略》，并称这是实现“开放和互操作的网络空间”的前提条件。

六是我互联网管理政策。欧洲议会率先投票声明网络审查是一项贸易壁垒，其后美国的互联网企业多次投诉，认为我互联网管理政策有利于国内企业发展，对国外企业制造了不公平贸易环境。类似诉求带有明显的政治意义，与官方的“互联网自由”“信息自由流动”等主张如出一辙。

二、美方对自身网络安全贸易措施的主要辩解

美方在要求他国停止实施网络安全管理政策，敞开贸易大门的同时，对来自他国的信息技术产品和服务却十分警惕，并将其上升到供应链国家战略的高度予以重视。自 2005 年美国对联想并购 IBM 个人电脑部一案进行国家安全审查以来，美以网络安全为由采取的涉华贸易限制措施主要如下。

一是美国外国投资委员会（CFIUS）对我 IT 企业在美投资进行国家安全审查，2005 年对联想并购案提出了非常严苛的限制条件，联想被迫签订了国家安全协议；2008 年，华为与贝恩资本试图联合并购 3com，最终被 CFIUS 否决；2011 年，在 CFIUS 阻挠下，华为被迫停止了对 3Leaf 的收购。

二是美国政府或国会对政府部门、重点行业采购中国 IT 产品进行直接干涉。如联想在美投资后，美国务院受议员施压调整了对联想电脑的采购计划；2010 年 8 月，华为与美国电信商 Sprint 价值 60 亿美元的电信合同在政界的警告下夭折。

三是美国众议院情报委员会于 2011 年对中兴、华为进行特别调查，并发布调查报告，其后果是中兴、华为彻底退出美国市场。

四是 2013 年，美国国会通过《2013 财年综合拨款法》，限制美 4 家政府部门购买中国企业生产的信息技术设备。

此外，美长时间连续制造中国黑客威胁论，制造对中国 IT 企业极为不利的国际舆论，事实上造就了用户对中国企业的敌视和防范心理，阻碍了中国企业的国际业务，这也是美有意为之。

笔者长期与美政府和企业界打交道的过程中，了解到美国政府、议员、企业界和专家对以上贸易限制措施的辩护主要如下。

（一）CFIUS 的活动被中国人夸大了。统计表明，在外国公司并购美国公司的交易中，申请审查的只占比 12.5%，最终开展审查的占比不到 1%，审查后撤销申报和总统否决的只占 0.6%。也就是说，CFIUS 实际“出手”并不多，但其威慑作用十分强大。事实上，遭审查的外资并购案中，有相当一部分是外资企业主动撤销了并购审查申请，知难而退。

（二）《2013 财年综合拨款法》确实要求限制采购中国的产品，但相关条款是法案投票前被某几位对中国怀有敌意的议员个人添加进去的，由于该法案长达 200 余页，正式投票前没有被人注意到，仅属个案。除此之外，美国政府从来都没有制定对中国产品的采购限制文件。虽然一些政府官员和议员表达过对涉华采购案的担心甚至是否定意见，但这都是个人行为，且做出不采购决定的都是采购方（甲方），在法律上属于纯粹的商业合同行为，与政府无关。

（三）美国国会对中兴和华为的调查是这两家公司自己要求的。且国会只是发布了一个没有任何法律效力的普通报告，报告中也只是提出了不采购中兴和华为设备的建议，这个建议没有任何强制性。

三、正确认识网络安全贸易纠纷的性质和特点

对比美国对我诉求和美对自身的辩护，有以下几点值得总结和思考。

（1）中美网络安全贸易纠纷看似是经贸问题，实则是国家安全问题。自

2013 年起，中国对美国投资额已经超过美国对中国投资额。大量数字和证据也表明，CFIUS 已经几乎不再对中国在美投资产生重大影响。笔者从 2015 年 7 月的第六届中美前高官和商界领袖对话中观察到，美国政商两界对中国人纠结于 CFIUS 十分不解。但也要看到，统计数字只是反映宏观情况，具体到信息技术领域，CFIUS 的阴魂永远不会消散，因为这是涉及国家安全的“死生之地”。

（2）WTO 的“国家安全例外”条款往往被各国用来支持自己的管制政策。但世贸组织从未明确国家安全的范畴，这也造成了各国之间的争议。从美国的做法看，其要求我将国家安全的范畴尽量缩小，而 CFIUS 的运转则表明，美国始终未给出国家安全定义，于是将国家安全范畴扩大到无所不包，随意性相当大。也正是这种模糊策略，才使外国投资者不得不主动申请 CFIUS 审查，以免秋后算账。可以预见，美方对我网络安全审查制度的重大质疑将是该项制度的范围问题，其一贯立场是要我将重点行业排除在政府管制之外，对此我须坚持国家安全观念不动摇，在原则问题上不能退让。

（3）美国的做法不是僵化的而是灵活的，其巧妙地规避了 WTO 的限制，但却达到了同样的初衷。其制度设计十分精细，将政府摘得一干二净，难以在现有 WTO 规则下对其提出有效诉讼。美对自身网络安全贸易措施的一套辩护说辞也已充分证明了这一点。

（4）网络安全贸易纠纷是围绕规则的一种对抗，但某种程度上又超越规则，是综合实力的较量，更是“兵不厌诈”之所在。例如，美国一直在要求我加入 CC（《信息技术安全性评估通用准则》）互认协议，并要求我认可国外认证机构颁发的 CC 证书，以使国外产品豁免于在我国国内接受检测或认证。美国人声称 CC 证书已经表明了产品的安全性，并要求我们只采用国际标准便够了。但当我们的企业辛辛苦苦在国外拿到 CC 证书，勇敢地走出国门时，无论是美国还是其他一些国家，这时候都认为 CC 证书不够了，他们还要审查企业股东、企业透明度等并不见于国际标准中的指标。这种双重标准已经屡见不鲜，因此，我必须熟悉规则、善用规则而不拘泥规则。对方的战略目标非常清晰，不达目的不罢休，一味迁就换不来对方的任何理解，更换不来持久安全。

（5）西方主导的舆论普遍认为，中国对信息技术相关贸易限制很严。但事实上，仅就现有网络安全管理政策的覆盖面和深度而言，中国的政策还远远不能满足国家安全的基本需求，与西方的措施相差甚远，有必要反思这些政策的实施效果。从现实情况看，西方特别是美国的信息技术产品和服务已在我国呈全面渗透之势，而我几乎对此未加防范。不客气地说，我们的国家网络安全、国家安全大门是敞开的。中美两国的信息技术实力差距，决定了我们在借鉴美国的经验时，要学其意而非拓其形，否则我投鼠忌器，一旦国产产品跟不上，将面临十分被动的局面。

四、把握关键点，精心设计网络安全审查制度

我国的信息安全产品认证制度是网络安全审查制度的前车之鉴。前者实施已有多年，虽取得一些进展，但并没有实现该制度最初设计时的减少重复检测、重复认证的目的，很难说是成功的。究其原因，主要在于三方面：一是主管部门想当然，对制度设计中的一些基础性问题缺少研究，致使制度存在硬伤，例如直到现在也没有厘清如何统一各部门已有的认证制度，使之沦为鸡肋；二是制度建立过程简单粗暴，在没有得到各个部门充分理解的情况下强力推进，后期明显力不从心，导致美国人在各个击破的过程中，惊异地发现很多部门原来也是反对这项制度的；三是我应对网络安全贸易纠纷尚不熟练，加之内部意见不统一，面对美、欧、日凌厉攻势难以形成有效抵抗。为了使我网络安全审查制度能顺利出台并切实发挥维护国家安全的作用，以上的历史经验必须及时总结吸收。

除此之外，借鉴近年来中美网络安全贸易纠纷实例，在设计网络安全审查制度时可把握好以下关键点。

（1）这项制度可以像美国 CFIUS 一样，平时少用慎用，但保持强大威慑力，

用则见效。不建议将其设计成市场准入制度。

（2）这项制度的标准可以像 CFIUS 一样，不必公开，甚至流程都由内部掌握，因为这是涉及国家安全的领域，非同小可。

（3）这项制度可以像美国国会审查中兴、华为一样，不仅关注技术功能，更要关注产品和服务提供商的声誉、透明度、资本构成、法人治理结构等，以最大限度确保供应商没有实施恶意行为的手段和条件。

（4）这项制度可以像美国官员、国会议员写信一样，设置多种启动条件，如全国人大代表、专业机构、其他企业、专家等均可对某企业的产品和服务表示安全关注，并提请启动网络安全审查。

（5）这项制度可以像美国电信运营商拒绝华为参与投标一样，指导重点行业用户（甲方）对产品和服务的安全性提出要求，即把制度的实施与采购活动挂钩，在商业规则的范畴内处理，而不是由政府冒 WTO 规则之险去设置市场监管规定。

（6）这项制度可以像美国国会发布对中兴、华为的调查报告一样，由权威发布非官方、非正式技术报告，对有关产品和服务做出风险提示。报告不列入政府公文系统，不必使政府部门承担法律责任。

扩展阅读：

新华社：我国拟建立网络安全审查制度

（新华网北京 2014 年 5 月 22 日电）记者从国家互联网信息办公室获悉，为维护国家网络安全，保障中国用户合法利益，我国即将推出网络安全审查制度。该项制度规定，关系国家安全和公共利益的系统使用的重要技术产品和服务，应通过网络安全审查。

国家互联网信息办公室发言人姜军指出：网络和信息技术产品是否安全、是否可控，事关国家安全，事关中国经济社会健康发展，事关广大人民群众合法权益不受侵犯。长期以来，少数国家政府和企业利用自己产品的“单边垄断”和技术“独霸”优势，大规模收集敏感数据，不但严重损害了广大用户的利益，而且对其他国家的网络空间安全造成巨大威胁。

这位发言人表示，近年来，我国政府部门、机构、企业、大学及电信主干网络遭受大规模的侵入、监听，深受其害。特别是去年6月初发生的“斯诺登事件”，为世界各国敲响了警钟，充分印证了“没有网络安全就没有国家安全”这一深刻的道理。目前，我国网民数量跃居世界第一，已成为网络大国，加强法律制度建设势在必行。网络安全审查制度的出台，将成为维护国家网络安全最有效的法理依据，对于网络强国建设具有重大推动作用。

据专家介绍，基于维护自身安全和社会稳定，针对信息技术产品及其供应商开展不同形式的网络安全审查，我国并非第一家，在美国早有先例。2012年，美国众议院情报委员会就以国家安全为由，对我国企业进行安全审查。此外，为应对日益应用广泛的云计算，美国政府还针对云计算服务提供者进行安全审查，并明确规定联邦政府部门只能选择通过审查的云计算服务提供者提供的服务。

据了解，我国即将推出的网络安全审查制度，规定对进入我国市场的重要信息技术产品及其提供者进行网络安全审查，审查的重点在于该产品的安全性和可控性，旨在防止产品提供者利用提供产品的方便，非法控制、干扰、中断用户系统，非法收集、存储、处理和利用用户有关信息，不符合安全要求的产品和服务，将不得在中国境内使用。

中央网络安全和信息化小组成立以来，我国网络安全工作进入了快速发展的新阶段，各部门的工作力度不断加大，全社会网络安全意识明显提高。但与此同时，网络安全也出现了“娱乐化”倾向，避实就虚、空喊口号、哗众取宠等情况越来越多。本文发表于 2015 年 4 月，批判了一些文章对网络安全审查的夸大其词和不负责任的曲解，以此为切入点，文章发出了“网络强国建设征程中，尚辞之风不可盛，尚实之意不可衰”的呼吁[3]。

——网络安全“八股文”盛行，引发外界对重要制度误读

[3] 原文发表于《中国信息安全》，2015 年 5 月，原标题《以务实态度对待网络安全审查制度》，题目和内容有修改。

网络强国建设中切忌漫谈“人体无用副组织群体切除术”

“人体无用副组织群体切除术”源于一个笑话。

小明：我要请假。老师：理由。小明：我下午要做手术。老师：什么手术。小明：人体无用副组织群体切除术。老师：说人话。小明：理发。老师：……（抓狂）！

这固然是个笑话，但人们往往有意无意地把这种措辞手法用到实际工作中。特别是面对一些“高大上”的命题时，“人体无用副组织群体切除术”似乎要大行其道、蔚然成风。

网络安全战略就是这样一个“高大上”的命题。然而这个“高大上”的命题恰恰关乎国运与民生，更应十分“接地气”，更应用公众喜闻乐见的语言、以实事求是的态度就事论事。把问题指明白，把论据摆清楚，把建议提明确，无非就是这么回事，没必要把一个问题扯到天边去。在这之后才能谈到用什么表达形式，毕竟形式永远要让位于内容。

当然，广开言路、百家争鸣不是坏事，不同文风都不必排斥。但文风关乎做事态度，更关乎为政气象。古人曰：“文章，经国之大业，不朽之盛事。”明嘉靖年间礼部尚书夏言曾痛斥：“以艰深之词饰浅近之说，用奇僻之字盖庸拙之文。”明刑部主事茹太素曾上呈朱元璋一万七千余字奏折，至一万六千余字方触及正题，朱勃然大怒，遂杖责五十大板。

不仅如此，网络安全工作对文风有着更高的要求。文风把握不好，不仅仅是言之无物的问题，更易夸大其词，扰乱视听，为敌所用。须知，中央网络安全和信息化领导小组成立以来，国外有多少只眼睛注视着我们。外国政府、企业、媒体等窥探我政策动向的重要途径之一，就是分析国内媒体公开发表的网络安全文章和专家观点。文章不再是小事，而是被推到了斗争和博弈的风口浪尖上；文章不再是个人情感的宣泄，而是被赋予了高度的政策性与政治敏感性；文章说什么与不说什么不再由个人功利而定，而要以事实为依据，以工作需要为指引。

遗憾的是，在“网络强国”的建设热潮之下，国内一些媒体和专家的热情过了头，在不熟悉的专题上恣意“指点江山”，“语不惊人死不休”。如果仅仅是出于对工作的“热情”倒也罢了，但借此博眼球、打广告者不在少数。而这恰好被国外机构拿来做文章，将专家观点引为政府的政策意图，频频向我政府施压。我们愤怒于美国一再炮制的“中国网络威胁论”，但其对中国网络实力的评估，不是很多来自我们国内自己的报道吗。2015 年年初以来，美、欧、日联合对中国网络安全政策的阻击，看似针对银监会 317 号文，实则担心“去 IOE”行动的扩大化，而“去 IOE”从来就不是国家政策，一开始就是媒体对“自主创新”“摆脱受制于人”政策的误读。

这种误读还在继续，最近又转向了网络安全审查制度。作为一名母语为中文的网络安全技术人员，我没有看懂最近几篇关于网络安全审查制度的文章，在此谨对网络安全审查制度谈一下我的观点。

一、网络安全审查制度是国家一项具体的网络安全政策，不是战略

网络安全审查制度是为保障国家安全而采取的具体举措之一，不是黑格尔或尼采的哲学命题，完全没有必要在哲学层面予以深厚的人文关怀和浓重

的历史思考。一道菜炒出来，能填饱肚子，给人以“色香味”的感受就行了，为什么非要将其上升到解决中国人民的温饱问题，促进共产主义早日实现的高度呢？

国家网络安全工作由很多制度构成，各有各的功能，都可以说是国家网络安全战略的组成部分。但没有一个制度本身要凌驾或涵盖其他制度，也没有一个制度要兼具多种制度的职能，更不能说一个制度的出台就是国家网络安全顶层设计的突破。

二、网络安全审查制度的目标是单一的，不是解决网络安全问题的“万能药”

网络安全审查制度是一个概括性的说法，国外未必叫这个名字，但却是很多国家的惯例，其实质就是对产品和服务的安全性进行安全评估。我国的网络安全审查制度建立在以下几个基本技术原理和事实上。

一是 IT 产品和服务的提供者有能力利用提供产品、服务的机会，通过后门远程控制用户的系统、窃取用户的信息。

二是国内外产品和服务都可能存在安全隐患，网络安全审查制度是不区分国别的。但“斯诺登”事件暴露出美国政府长期利用信息技术优势监控他国的事实，不得不使我们十分关心国外产品和服务的安全性，毕竟国外产品和服务在我国很多重要领域已呈垄断之势。

三是通过这个制度要排除产品和服务存在后门并被人利用的风险，以增强用户对产品和服务的安全信心。但这不是要排除国外产品，因为我们依赖国外产品和服务的现状短期难以改变；而从长期看，在经济全球化条件下，也没有哪个国家能完全拒绝他国的产品或技术。中国不是在设置贸易壁垒，与此相反，中国欢迎更多优秀的、安全的世界级 IT 产品投入应用，但企业要尽到基本的安全责任，要消除用户对安全性的疑虑。

一项并不复杂的网络安全政策，被国内一些文章解读成了“万能药”，被强行与促进产业发展、处置安全事件、提高安全意识、培养人才队伍、创新关键技术、调整国家基金、改进招标方式、参与全球网络治理等统统绑定在一起。举一反三不是坏事，但举一反十就是荒谬了。2015 年，国内讨论网络安全审查制度的几篇文章中，如果把“网络安全审查制度”换成别的什么制度或政策，依然读起来通顺。

三、网络安全审查制度有明确的重点，不是“事无巨细”的监管手段

网络安全审查制度有两个边界条件：一是只适用于关系国家安全和公共利益的重要场合；二是只针对这些场合使用的重要 IT 产品和服务。

在国际规则中，“目的”与“措施”是两个不同的概念。目的合法并不一定等于措施正确。即政策制定者要能够证明其措施是在所有可能的选项中，对贸易影响最小的。国内一些人希望网络安全审查制度能够把市场上所有 IT 产品的安全风险都管控住，这显然是高估了这项制度的功能。对于非国家安全和公共利益领域，不必都走政府的监管程序，要充分发挥市场机制的作用。换言之，网络安全审查制度只是在特定领域实施的一项管理措施，而不是网络安全监管政策的大杂烩。

在一些人的文章中，希望能够借此把某些国外产品赶出市场，这同样是不负责任的猜解。网络安全审查制度既然是在特定领域实施的，其天生就不可能作为一种市场准入手段。是否采购某个产品，是采购方与被采购方之间的民事关系，不必前移至市场准入端。

四、网络安全审查制度针对的是 IT 产品与服务，不涉及信息内容

2014 年 5 月，有关网络安全审查制度的消息一公布，很多人担心这是加强信息内容管控的前奏，皆因“审查”二字敏感而已。有关方面迅速澄清，现在基本上不会有人误解了。

但后来国内的某些文章偏要将网络安全审查制度与舆情管理、隐私保护扯在一起，这又是在混淆视听。这些专家也承认这项制度不涉及互联网信息内容安全，但又生拉硬扯将网络安全审查制度与信息基础设施安全放在一起，而信息基础设施又是公民网上言论的平台，由此得出结论：网络安全审查有利于促进网络言论自由。按照这种逻辑，电力公司应当被授予国家勋章，因为如果没有电，各行各业都无法运转了。

某些专家为了佐证网络安全审查制度与个人信息保护、网上言论自由的关系，断言网络安全审查制度“涵盖了国家战略层面和个体层面的综合考虑”。实际上，这种“综合考虑”根本不存在，这原本就是一个面向国家安全的管理政策。国家对个体层面的网络安全当然应该高度重视，但不能寄希望于通过同一类政策解决。

五、网络安全审查制度对内外一视同仁，不是为了获得产业上的竞争优势

国内网络安全产业界对网络安全审查制度的期盼可以理解，毕竟一些跨国企业“店大欺客”、无视用户的安全利益已经很久了。但这项制度无论在程序上还是目标上，都对国内外一视同仁，并无驱逐国外产品的考量。

网络安全审查的重点在于该产品的安全性和可控性。这个可控性有很多指标，如产品的研发生产过程、交付方法等。在国际标准《信息技术安全性评估通用准则》中，这统称“安全保障要求”，列举得很详细，网络安全审查制度遵从了这些国际惯例。

但外界的确对此有担心，主要的误解来自两方面。

一是认为中国政府将“安全可控”与“本国产品”画等号。在网络安全审查制度中，“是否是中国自主研发生产”不是“安全可控”的评价指标。国外的产品，只要切实对用户负责，其安全性为用户可见，不被用来实施远程控制和窃取信息，也可以通过网络安全审查，也可被视为符合安全可控的要求。但这也不意味着国外企业就可以维持现状、漠视用户利益。我曾见到某跨国企业借中国合作伙伴之手为地方政府部署了云平台，这个中国的合作伙伴没有丝毫更改云平台配置的权利，该跨国企业声称其“在全球实现同一个配置模板，不愿为中国用户更改”。一个用户，如果连自己购买的产品或服务的配置都不能改，能说这些产品和服务是安全或可控的吗？

二是认为中国政府将通过实施网络安全审查制度来获取跨国企业的源代码。银监会的文件（317 号文）曾对源代码提出了某些要求，但这个文件与网络安全审查制度没有任何关系，属于行业自己的管理规定。需要指出，国外政府、企业在攻击 317 号文时，极力否认源代码与网络安全的关系，这是在狡辩，因为《信息技术安全性评估通用准则》对源代码安全性评估有明确的要求。但《信息技术安全性评估通用准则》也对源代码安全评估有严格的限定条件，“备案”不是国际惯例。中国的网络安全审查制度将充分保护企业的知识产权，全面遵循国际惯例，不会在源代码上做文章，不会损害企业的合法利益。

网络安全，热中要多些冷思考。

网络强国建设征程中，尚辞之风不可盛，尚实之意不可衰。

2015 年 6 月，中央网信办官网公开了《关于加强党政部门云计算服务网络安全管理的意见》。这一文件印发于 2014 年 12 月，对保障党政部门云计算安全提出了一系列要求，标志着我国云计算应用进入规范发展、保障安全的新阶段。本文发表于 2015 年 6 月，对《关于加强党政部门云计算服务网络安全管理的意见》进行了解读[4]。

——我国建立党政部门云计算安全审查制度

[4] 原文发表于光明网，2015 年 7 月 29 日。

云计算服务网络安全管理中的若干技术问题探讨

2015 年 6 月，中央网信办官网公布了《关于加强党政部门云计算服务网络安全管理的意见》（以下简称《意见》）。这是我国网络安全管理中的一项重要制度。这里仅站在个人角度，对云计算服务网络安全管理工作中的若干技术问题进行探讨。

一、《意见》规范的是哪类云计算服务

根据部署模式的不同，云计算服务一般分为私有云、公有云、社区云和混合云。这种分类方法并不足以反映云安全威胁的实质，如某些政府的私有云也是由区别于实际用户的他方建设或运营的。云计算服务网络安全管理工作的动因是：传统模式下，用户的数据和业务系统都位于自己的数据中心，处于其直接管控下；但在云计算环境里，用户将自己的数据和业务系统迁移到云计算平台上，失去了对这些数据和业务的直接控制能力。这种服务的特征叫作“社会化”。因此，《意见》的规范对象是面向多租户提供的社会化云计算服务。

文件规定，对于涉及国家秘密、工作秘密的业务，不得采用社会化云计算服务；对于保护等级四级以上的信息系统，以及一旦出现问题可能造成重大经济损失，甚至危害国家安全的业务不宜采用社会化云计算服务。这并不是对涉密系统或等保四级以上系统使用云或虚拟化技术进行限制，但如果这个云是社会化的，则应该禁止或审慎采用。当然，美国国防部在 2015 年年初

发布文件，并未排斥使用商业云，而是提出了一系列严格限制条件，这值得关注和研究。

二、审查对象是云服务商还是云计算平台

云计算平台本身同云服务商不可割裂。很多时候，平台安全性的要素主要着落在云服务商身上，两者似无很大区别，有时还可混用。但党政部门云计算服务网络安全审查对象的落脚点应是云计算平台，理由是：首先，党政部门用户关注的是能否安全地使用云计算平台。云服务商的安全性是因不是果。其次，物理安全是重点审查内容，这与平台密切相关。同一云服务商在不同位置所建平台完全可能有不同的物理安全性，甚至人员安全情况也大不相同。最后，一个平台是否有资格向政府部门提供服务，这其中可能涉及多个服务商。仅审查云服务商没有意义。

当然，为了提高审查效率，减轻企业负担，对同一服务商建设的几个云计算平台的部分审查结果可以复用。

三、如何理解安全管理责任不变

云计算服务固然带来很多新的特殊风险，但其能够极大地提升服务的专业性，这点毋庸置疑。党政部门用户选择云计算服务，也正是看中了云服务团队的专业网络安全服务能力。因此，一些党政部门用户会质疑，如果业务上云后，还要像以前一样为安全殚精竭虑、不能免除安全责任，那么上云的意义何在？

这种质疑是误解了“安全管理责任不变”的内涵。所谓安全管理责任不变，是指网络安全的最终责任不变。也可以理解为，一旦发生网络安全事件，责任

主体依然是党政部门自身。这不是要求党政部门用户亲力亲为，而是要求其充分落实相关政策文件和标准的要求，尤其要加强安全管理，通过签订合同、持续监督等方式将安全责任延伸到云服务商。党政部门用户不是要承担无限责任，而是要承担管理责任。

四、如何理解数据归属关系不变

数据归属权争议是云计算服务带来的典型问题。《意见》要求数据归属关系不变，这一点非常重要，也容易为大家所理解。但在实践中，这项要求并不容易实现。显然，党政部门提供给云服务商的数据、设备等资源，以及云计算平台上党政业务系统运行过程中收集、产生、存储的数据和文档等资源属党政部门所有。但对于云计算平台的大量运行数据，例如系统日志，它们是否应视为党政部门的数据？如果属于党政部门的数据，那么面对多个党政部门用户，数据所有权是谁的？数据的查阅、返还、销毁又该如何同时满足多个用户的不同需求？但如果不是党政部门的数据，日志所记录的用户活动等又显然会泄露党政部门用户的敏感信息。

尽管这个问题在技术上存在争议，但在原则上，运行数据也应当属于党政部门的数据。当然，后续还需专家学者们对此展开深入研究，例如对运行数据进一步分类，并分门别类给出具体处理规则，实现用户和云服务商权益的平衡。

五、如何理解安全管理标准不变

所谓安全管理标准不变，是指承载党政部门数据和业务的云计算平台要参照党政信息系统进行网络安全管理。即所有适用于党政信息系统的法律法规、政策标准、管理制度，都应同时适用于党政部门使用的云计算平台。这背后涉及一个深刻的管理理念，最早由美国提出。2002 年美国发布的《联邦信息安全管理法》便以国家法律的形式给出了“联邦信息系统”的定义：①联邦机构的信息系统；②代表联邦机构行使职能的机构的信息系统；③联邦机构合同商的信息系统，只要合同商系统上存有联邦机构的信息或业务。该法进一步规定，“联邦信息系统”必须落实相关的信息安全标准，并经过联邦各机构管理层的评估和授权后方可运行。因此，合同商信息系统中，只要承载了联邦信息或业务，也必须经过联邦政府的授权。云就是这样一种典型的“合同商信息系统”，这就是美国联邦政府云计算服务网络安全管理制度 FedRAMP 的法理依据，也是 FedRAMP 名字“联邦风险及授权管理项目”的来源。

相比于美国，我国在这个问题上仅迈出了一小步，有必要在今后的立法中借鉴美国这一思想。

六、如何理解“统一组织党政部门云计算服务网络安全审查”

《国务院关于促进云计算创新发展培育信息产业新业态的意见》（国发〔2015〕5 号）提出，要加强云计算服务网络安全防护管理，加大云计算服务安全评估力度，建立完善党政机关云计算服务安全管理制度，这实际上指的是《意见》中“统一组织党政部门云计算服务网络安全审查”这项工作。

很多地方政府积极出台了 5 号文的落实意见，如甘肃省政府办公厅印发《促进云计算创新发展培育信息产业新业态的实施方案》（甘政办发〔2015〕30 号）。还有很多地方出台了在电子政务领域加强云计算应用的具体意见，如浙江省政府办公厅印发《浙江省电子政务云计算平台管理办法》（浙政办发〔2015〕8 号），重庆市政府办公厅印发《关于加强全市信息化系统集约化建设管理的通知》（渝府办发〔2014〕175 号）。很多文件都根据 5 号文精神，提出了对党政部门云计算服务网络安全管理的要求。但一些要求与《意见》的规定不一致，有些还采信了由社会上的商业机构自行颁发的所谓云安全认证结果，这类文件应抓紧修订。

七、党政部门云计算服务网络安全管理目前采用了哪些国家标准

作为一项技术性很强的工作，党政部门云计算服务网络安全审管理需要一系列标准的支撑。目前，国家标准委已经印发了关于此项工作的两部核心标准：GB/T 31167—2014《信息安全技术 云计算服务安全指南》和 GB/T 31168—2014《信息安全技术 云计算服务安全能力要求》，并已于 2015 年 4 月 1 日起实施。前者面向政府部门，提出了使用云计算服务时的安全管理要求，指导政府部门做好采用云计算服务的前期分析和规划，选择合适的云服务商，对云计算服务进行运行监管，考虑退出云计算服务和更换云服务商的安全风险。后者则面向云服务商，描述了以社会化方式为政府客户提供云计算服务时，云服务商应具备的网络安全技术和管理能力要求。

GB/T 31168—2014《信息安全技术 云计算服务安全能力要求》将云服务商的能力分为一般级和增强级。第三方评估机构主要依据该标准对云服务商的安全能力进行评估。但它不是云计算安全解决方案的白皮书，而是重点突出了云计算服务的可信性与可控性。例如，云计算平台的物理位置、云服务商人员安全、云计算平台开发和供应链安全、云计算平台数据安全防护策略等都是该标准的重点关注内容。后续根据工作需要，还将制订更多有关云计算服务网络安全管理标准。

八、如何理解“重点行业优先采购”

重点行业如何优先采购通过审查的云服务商，这是一个管理问题，有关

行业主管或监管部门应出台相应政策，不在本文讨论范围之内。从技术上看，通过党政部门云计算服务网络安全审查的云服务，是否适用于为重点行业提供服务？

作为审查的重要技术依据，GB/T 31168—2014《信息安全技术 云计算服务安全能力要求》是面向党政部门的需求而起草的，其安全要求强于一般应用场合。除非某些行业有特殊需求，一般情况下，如果某云计算平台满足了该标准的要求，其完全有能力为各重点行业提供安全的云计算服务，标准的各项要求基本可以通用。但有一点需要注意，GB/T 31168—2014 在增强级对云计算平台提出了隔离要求，规定为党政部门提供服务的云计算平台应部署在隔离的物理区域，与服务于其他用户的平台和系统区分开。这意味着，业务重要或者数据敏感的党政部门不可能与重点行业使用同一个云计算平台。不过，按照 GB/T 31168—2014 增强级要求建设的云计算平台，如果只为重点行业提供服务，其安全能力是可靠的。

九、党政部门云计算服务网络安全审查是行政审批吗

党政部门对自身采购使用的云计算服务开展网络安全审查，加强网络安全管理，属于政府的内部管理事项，不属于行政许可。随着政府部门使用云计算服务的力度逐步加大，如果每家政府部门都开展网络安全评估，可能导致面向不同政府部门提供的同一云计算服务，需要经过多次安全评估，这既降低了政府部署云计算服务的效率，也增加了成本和花销，给政府和企业都带来负担。

中央网信办会同有关部门建立党政部门云计算服务安全审查机制，组织开展安全审查，是统筹协调党政部门开展云计算服务网络安全管理的必要手段，是对云服务商提出履行网络安全标准和规定的规范性要求，不仅减少了因重复

评价、多头检测带来的花费，又有效降低云计算服务网络安全风险。党政部门云计算服务网络安全审查既不是行政许可，更不是市场准入。

❀扩展阅读：

关于加强党政部门云计算服务网络安全管理的意见

（中网办发文〔2014〕14号）

（全文阅读请扫二维码）

网络安全标准化是国家网络安全保障体系的重要组成部分。经中央网络安全和信息化领导小组批准，2016 年 8 月，中央网信办、国家质检总局、国家标准委联合印发了《关于加强国家网络安全标准化工作的若干意见》，部署了当前和今后一个时期国家网络安全标准化工作的重点任务。本文发表于 2016 年 8 月，对文件的主要精神进行了解读[5]。

——我国发布加强网络安全标准化工作文件

[5] 原文发表于新华网思客频道，2016 年 8 月 25 日。

十论我国网络安全标准化工作

2016 年 8 月，中央网信办、国家质检总局、国家标准委联合印发了《关于加强国家网络安全标准化工作的若干意见》（以下简称《若干意见》）。这份经中央网络安全和信息化领导小组批准的文件，面向建设网络强国的宏伟目标，部署了当前和今后一个时期国家网络安全标准化工作的重点任务。文件内容丰富、措施有力、针对性强，将构建统一权威、科学高效的网络安全标准体系和标准化工作机制。

《若干意见》在以下十个方面进行了深入考虑，值得关注。

一、如何理解“统一权威”的国家标准工作机制

全国信息安全标准化技术委员会（TC260，以下简称信安标委）于 2002 年 4 月 15 日在北京正式成立。信安标委成立不久，国标委曾正式发文，授权信安标委对网络安全（当时称信息安全，本文不作区别）国家标准进行统一技术归口，统一组织申报、送审和报批。

网络安全主管部门较多，统筹协调机制必不可少，包括对网络安全标准的协调。因此，当时这一规定十分有必要。但随着信息化的发展，信息技术与传统行业深度融合，“老革命”遇到了“新问题”。例如，工业控制系统安全标准，既是信安标委的重点工作，也与全国工业过程测量控制和自动化标准化技术委

员会（TC124）密切相关；汽车电子网络安全标准，既在信安标委的物联网安全标准体系中占有一席之地，也是全国汽车标准化技术委员会（TC114）需要重点关注的标准。这些标委会将特定领域网络安全标准纳入工作范围有其充分的道理，因为安全与发展本身不能分开，但这也带来了新的协调需求。

可以预见，在互联网+行动计划深入推进的背景下，今后此类问题必将越来越多。为此，《若干意见》除重申了对网络安全国家标准进行统一归口的规定外，还指出，其他涉及网络安全内容的国家标准，应征求中央网信办和有关网络安全主管部门的意见，这是确保相关国家标准与网络安全标准体系协调一致的重要手段。

二、为什么要强调产业应用与标准化的紧密互动

俗话说："一流企业做标准"。标准是一种重要的智力成果，对提升产业竞争力具有不可替代的作用。近年来，一些国家重大工程、重点科研项目开始将标准作为验收考核指标，这无疑具有积极意义。但这些措施还没有与国家标准化工作建立紧密衔接和互动关系。例如，重大工程和科研项目产生了哪些可以上升为标准的技术成果，标准化管理部门无从获得这些信息，也就难以在规划标准体系时为之提前做出安排。项目成果能不能产生标准，是否合格，这本身也不是由立项单位和项目承担单位能够自行决定的。一般而言，在项目验收时，一些产业化指标、论文指标等都可以获得并定量考核，但标准的制定要经历特定程序和相对长的时间，项目验收与标准制定难以同步。最终，项目承担单位只能拿出一些草稿来应对，验收往往流于形式。

为解决这个问题，《若干意见》要求建立重大工程、重大科技项目标准信息共享机制，这实际上是建立项目主管部门与标准化管理部门之间的工作联系，有利于推动项目成果真正转化为国家标准。

三、如何看待我国在世贸组织承诺的国际义务

标准产生于社会化大生产中分工合作的需求，是经济活动的产物。反过来，标准也对贸易、经济直接产生重大影响，标准及建立在标准之上的合格评定制度构成了国际贸易中的技术性壁垒（TBT）。为此，WTO 等国际贸易组织对成员制定标准有一些原则性要求，集中体现在 WTO 的《技术性贸易壁垒协定》（《TBT 协定》）中，核心内容是要求成员采用国际标准以达到便利贸易的目的。2000 年，WTO 的 TBT 委员会通过决议，确定了“国际标准”的六原则：透明、开放、公正与协商一致、有效与相关、一致、发展内涵。

对国内制标而言，采用国际标准的要求主要适用于技术性法规的制定，即强制性国家标准和有明确技术指标的某些法规和政策。WTO 还规定，各成员在制定或修订现行技术法规和合格评定程序及措施时，如缺乏国际标准或与有关国际标准不一致，并且可能对其他成员的贸易有明显影响时，必须在法规批准前 60 天向 WTO 秘书处通报，给予其他成员一定的评议时间并尽可能考虑其合理意见。根据我们承诺的国际义务，自主制定的网络安全强制性标准应该通报。

值得注意的是，西方一些国家有意模糊“技术性法规”这一限定词，一味要求各国制定任何网络安全标准都应以国际标准为基础，其真实意图是规避他国的网络安全监管要求。围绕网络安全推荐性标准的国际竞争已经成为当前的热点。

2015 年 12 月，第 26 届中美商贸联委会联合成果清单上，美方确认，中国企业可无歧视地、依有关标准制定组织的规则和程序，参与美国自愿性标准制定；中方欢迎在华美资企业无歧视地参与中国推荐性国家标准和团体标准制定。2016 年信安标委换届时，增加了 4 名来自美国企业的委员。当然，此事与中美商贸联委会的成果清单没有直接关系，但中方如何参与美国网络安全标准的制定，这方面还没有建立机制，我们应该追问美国，在网络安全标准领域什么时候落实其承诺？

四、如何把握强制性标准的定位

很多人对强制性标准的认识有误区，认为某项工作重要，相关要求必须得到遵循，所以要制定强制性标准。事实上，标准本身并不具备强制性，其强制性要通过相关机制来保证。当法律法规引用某标准时，这个标准对所调整的社会关系而言是强制的；当政策引用某项标准时，这个标准对政策规范范围内的事项而言是强制的；当合同引用某项标准时，这个标准对合同当事方而言是强制的。正因为如此，国外很少有“强制性标准”的概念，而是称“技术性法规”，即这些技术文件的强制性通过法律机制来保证。入世谈判时，外方认同我国的“强制性标准”就是 WTO 所称的“技术性法规”，因此我国才保留了“强制性标准”这一特殊的标准形式。

那么，什么时候要制定强制性标准？我国《标准化法》明确规定，强制性标准应严格限定在保障人身健康和生命财产安全、国家安全、生态环境安全和满足社会经济管理基本要求的范围内。这与 WTO 的“一般安全例外”“国家安全例外”基本一致。而在这些领域实施强制性标准，正是通过立法执法、行政许可或强制性认证（3C）来保证的。换言之，一个标准是否强制，与这项标准所支持的工作是否重要，没有必然联系。

那么，既然“没有网络安全就没有国家安全”，网络安全是否属于 WTO 的“国家安全例外”呢？这不能一概而论。网络安全肯定包含国家安全的内容，但也有一部分属于商业领域（非国家安全领域）的安全。在真正属于国家安全的领域，我们可以制定强制性标准，例如《若干意见》指出的“国家关键信息基础设施保护、涉密网络”等领域。

由于历史的原因，我国现行强制性国家标准、行业标准、地方标准达 1.1 万余项，数量庞大，制定发布主体多，各级强制性标准之间缺乏有力的组织协调，急需强化强制性标准统一管理。为此，2016 年 2 月，国务院办公厅印发了《关于印发强制性标准整合精简工作方案的通知》，直指现行强制性标准存在的交叉重复矛盾、超范围制定等主要问题，要求通过废止一批、转化一批、整合一批、修订一批，实现“一个市场、一条底线、一个标准”。方案指出，要将现行强制性国家标准、行业标准、地方标准整合形成强制性国家标准一级。在网络安全标准领域，强标清理工作正在有条不紊地推进。

根据上述精神，《若干意见》指出，视情在行业特殊需求的领域制定推荐性行业标准。这透露出两个信息：不再制定强制性网络安全行业标准；谨慎制定推荐性网络安全行业标准。

五、为什么原则上不制定网络安全地方标准

《若干意见》指出，原则上不制定网络安全地方标准。这一规定符合国务院标准化工作改革精神，也反映了网络安全的内在规律。2015 年 2 月，国务院文件《深化标准化工作改革方案》对推荐性地方标准的定位作了明确：制定满足地方自然条件、民族风俗习惯的特殊技术要求。显然，网络安全与地方自然条件、民族风俗习惯不搭界。换言之，“网络安全”并无“地方特色”。

据统计，现行国家标准、行业标准、地方标准中仅名称相同的就有近 2000 项。如果在缺乏地方特色的通用领域制定地方性标准，显然会带来标准技术指标不一致甚至冲突等问题，这就人为制造了“不标准”，为市场主体执行标准和政府部门行政执法带来很多困难。一些地方可能提出，我这里工业发达，工控安全是我的地方特色；还有的地方认为，我在搞大数据，大数据安全是我的地方特色。只能说，这些地方急需某些方面的网络安全标准。地方可以积极采用已有国家标准或提出国家标准立项申请，但不能通过制定地方标准解决其缺少网络安全规范的问题。

六、如何提高标准先进性

先进性是对标准的基本要求。但无论是标准还是法律法规，都天然带有滞后性，这与先进性是相悖的。特别是，标准制定程序较为复杂和繁琐，没几年时间下不来，这已经成为制约标准先进性的突出因素。为此，除提高标准的科技含量和技术水平外，缩短标准制定周期成为提升标准先进性的重要手段。《若干意见》明确提出，必须缩短标准制定周期，原则上不超过 2 年。

截至 2016 年上半年，信安标委归口管理、正式发布的网络安全国家标准有 166 项，但已立项但尚未发布的标准项目居然达到了 192 项（含部分研究项目），其中很多项目立项于 10 年以前（2006 年）。浪费财政资金不说，这样的标准制定出来还有什么用？据了解，信安标委已经开始对已发布的网络安全国家标准进行先进性、适用性复审，并逐项梳理超期未结题项目，该停止的果断停止。

七、如何认识公开发布网络安全国家标准的重要意义

《若干意见》要求，通过传统媒体和互联网等多种渠道公开发布网络安全国家标准。这看似是一句套话，实则是在国标委支持下我国网络安全标准化工作改革迈出的重要一步。一直以来，国家标准的电子版严禁上网公开，获得国家标准的渠道只有一个——到标准出版社购买。有专家指出，在整个标准化工作中，制定标准只占到 5%，剩下的 95%在于宣贯、实施。而在互联网如此发达的今天，社会大众居然不能轻松获得标准文本，这与标准化工作的宗旨背道而驰。标准这种由财政资金支持制定的，指导经济社会运行的基础性、公开技术性文件，成为了一些单位盈利的工具。

为此，国务院文件《深化标准化工作改革方案》指出，要将强制性标准免

费向社会公开。《若干意见》则更向前一步，要求全面上网公开网络安全国家标准。根据这一要求，2016 年 8 月 5 日，信安标委将网络安全国家标准正式上网，这对广大网络安全工作者而言是福音，体现了国标委对网络安全标准化工作的支持和重视，也是主管部门求真务实、认真贯彻落实习总书记网信系列重要讲话精神的结果。

八、“加大标准实施力度”的关键环节在哪里

生产电源的企业不敢低于国家标准，生产轮胎的企业也不敢低于国家标准，因为这些企业的产品要经过 3C 认证才可上市。道理显而易见，标准不会自然实施，强制性标准也不会自然强制，必须被法律法规、政策、合同、合格评定制度所引用。加大标准实施力度的关键环节是，政府部门在政策制定、相关工作部署时要积极采用国家标准。

但一些部门在制定政策文件时，往往走向另一个极端，即简单地规定“按照有关国家标准”。殊不知，这漫不经意的一句套话，对标准化工作造成了伤害。首先，这本身就是无的放矢，没有实际意义。更重要的，这种写法将标准中的条款在政策文件实施范围内变成了强制，但由于没有明确指向，实际上是把所有“有关标准”都变成了强制，这根本做不到，而且也不是政策文件的本意。今后，国家政策文件中应尽量少出现“按照有关标准”这类话。如果写，就应当指明是哪个标准，或标准中的哪个条款。

九、如何推动国际标准化工作的常态化和持续化

标准是话语权、影响力，标准是网络空间国际博弈的焦点，是维护国家利益的前沿阵地。《若干意见》要求，实质性参与国际标准化活动，推动国际标准

化工作常态化、持续化。这其中的关键是人。国外一些专家几十年如一日，在ISO等国际标准化机构精耕细作，早已形成“势力范围”。对新来者而言，非十年之功难窥门径。我国专家参加ISO等国际组织的会议，很多时候还处在“看西洋景”阶段。目前，中国国家标准对国际标准的贡献率只有区区0.5%，与中国作为大国的身份严重不符。具体到网络安全标准领域，情况更是不容乐观。

在国标委的大力支持和信安标委的不懈努力下，目前我国在ISO注册的网络安全专家达到了近40人，国际标准制定也多次取得突破，这都是可喜的成绩。下一步要重点培养专业精、外语强的复合型国际标准化专家队伍，尤其要保证我国专家参与国际标准化工作的持续性和稳定性。

必须指出，目前制约这项工作的恰恰是我们自己，是一些单位曲解了中央精神。例如，某些中央部委、地方政府、高校院所、国有企业的外事审批部门将参加ISO网络安全标准化会议当作“出访”对待，每次10多天的会期只能批准5天；一些单位的负责人单纯以节省了多少出国经费，砍掉了多少出国团组为业绩；一些单位抱怨，为什么每次出国都是某个人去，为什么他去年去了今年还去，能不能每次轮换着大家都能雨露均沾……这些问题，希望能够在《若干意见》印发后引起一些单位的重视。

十、如何做好资金保障

资金问题虽然老生常谈，但对网络安全标准化工作而言却是个涉及观念和认识的问题。在传统工业领域，企业参与标准制定的积极性很高。有时，即使国家财政对一个标准仅支持几千、一两万元，甚至不投入，企业也热情不减。个中原因不言自明，如近来出现了某企业在国家电视台以“国家标准的制定者”作为广告语的现象。

但网络安全有其特殊性。维护网络安全不是简单的市场活动，某些标准针对的不是企业所推崇的技术或产品，而是用于加强网络安全管理的基础性规范，反映的是政府意志，企业对此缺少动力。虽然信安标委近年来努力提高标准制定的参与度和广泛性（目前信安标委 81 名委员中，来自企业的委员占了多数，这比上届有了根本性改变），大力发挥企业的主体作用，但至少在目前，企业不能作为制定国家网络安全标准的主要资金渠道，国家财政应加大投入。

在保证国家投入的基础上，《若干意见》鼓励社会资金支持。文件提出，设立网络安全标准优秀奖，这具有很好的导向意义。2016 年 2 月，全国政协常委、香港新世界发展有限公司主席郑家纯先生捐资 3 亿元设立了首个网络安全专项基金，基金后来发起了网络安全人才奖、优秀教师奖、优秀教材奖、奖学金、网络安全标准优秀奖的评选。其中，每个优秀标准奖励 50 万元。相信这会在社会上掀起新一轮关注标准、使用标准、更好制定标准的热潮。

扩展阅读：

关于加强国家网络安全标准化工作的若干意见

中网办发文〔2016〕5 号

（全文阅读请扫二维码）

2017 年 2 月，中央网信办对《网络产品和服务安全审查办法》公开征求意见，表明我国网络安全审查制度正式走向前台。2017 年 4 月，《网络产品和服务安全审查办法》正式印发。本文发表于 2017 年 3 月，对《网络产品和服务安全审查办法》（征求意见稿）进行了解读[6]。

——我国安审办法出台，网络安全审查制度加速建立

[6] 原文发表于《保密科学技术》，2017 年 2 月。

由《网络产品和服务安全审查办法》看安审工作思路

习近平总书记深刻指出，不能把自己封闭世界之外，必须树立全球视野[7]。但在开放环境中维护国家网络安全，需要科学的手段，以确保产品和服务的安全性、可控性，防止产品提供者借助提供产品之便，非法控制、干扰、中断用户系统，非法收集、存储、处理和利用用户有关信息。这就是国家网络安全审查制度。《网络安全法》第三十五条规定，关键信息基础设施的运营者采购网络产品和服务，可能影响国家安全的，应当通过国家网信部门会同国务院有关部门组织的国家安全审查。《国家网络空间安全战略》指出，坚持对外开放，立足开放环境下维护网络安全，建立实施网络安全审查制度。

2017 年 2 月，中央网信办对《网络产品和服务安全审查办法》（以下简称《审查办法》）公开征求意见，这表明我国网络安全审查制度正式走向前台。《审查办法》全文仅 16 条，但却建立起了网络安全审查工作的基本框架，意义十分重大。本文试对《审查办法》各条款的含义进行分析，并由此观察了网络安全审查工作思路。

第一条指出了网络安全审查的目的：维护国家安全和公共利益，并指出了网络安全审查制度的法律依据：《国家安全法》和《网络安全法》。上述两法均

---

[7] 习近平在中国科学院第十七次院士大会、中国工程院第十二次院士大会上的讲话，北京：新华社，2014 年 6 月 9 日电。“自主创新不是闭门造车，不是单打独斗，不是排斥学习先进，不是把自己封闭于世界之外。”“科学技术是世界性的、时代性的，发展科学技术必须具有全球视野。”

提出，要建立国家网络安全审查制度。

第二条指出了网络安全审查的范围和对象：在关系国家安全和公共利益的信息系统内实施，对象是这类系统中的重要网络产品和服务。此条也表明，网络安全审查不是普适性的，不是针对所有领域、所有产品和服务的。

第三条指明了审查可能采用的手段。一些人可能担心，用技术手段不可能找出全部漏洞，更不要说后门，并为此质疑审查的意义与效果。事实上，除技术评估外，审查还可以采用“企业承诺”和“社会监督”等方式。此条也反映出，网络安全审查既可能在事前，也可能在事中或事后。

第四条指明了审查的重点，即三类“可控性”风险和供应链风险。三类“可控性”风险：用户自己的系统自己不可控，用户自己的信息自己不可控，厂商利用用户对其形成的依赖而要挟用户。需要指出，这个“可控”是从用户角度而言的，而不是指政府要对产品“可控”。一些外企担心，“可控”就是政府要获取产品源代码，这完全是臆测。

第五条指明了网络安全审查的领导机构：国家网络安全审查委员会。该委员会由国家互联网信息办公室会同有关部门成立，是一个跨部门的议事协调机构。同时，委员会下设办公室，作为办事机构。

第六条进一步描述网络安全审查工作的组织机构：设立网络安全审查专家委员会，这是网络安全审查的决策支撑机构，由权威专家组成。

第七条还是描述网络安全审查工作的组织机构：统一认定网络安全审查第三方机构，这是负责具体开展网络安全审查技术工作的机构。该机构将出具最初的技术结论，并给出是否通过审查的建议，相关资料随后转至专家委员会，由专家委员会进行技术把关。此后，专家委员会也会形成是否通过审查的建议，交由审查委员会做出最终决定。

第八条指明了网络安全审查的启动条件，共包括四种：有关部门要求、全国性行业协会建议、市场反映和企业申请。这四种条件充分参考了国外的惯例，并考虑了我国的实际情况。一些人担心，这会被某些厂商作为诋毁攻击对手的工具。不排除可能会有这样实施不正当竞争的厂商，但不可否认，正是某些互联网企业本身没有保护好用户利益，才被人举报甚至起诉。这种漠视用户利益的情况不能成为常态。

第九条表明，我国网络安全审查制度是分级实施的。对于一些带有明显行业特点，仅在某个特定领域使用的网络产品和服务，由行业主管或监管部门自己组织开展本行业、本领域的网络安全审查。这与“谁主管谁负责”的精神是一致的。但这个过程一定是统一领导和统筹实施的，各行业的审查委员会应该对国家网络安全审查委员会负责。

第十条指明了审查通过的“好处”和审查不通过的后果。对通过审查的产品而言，可在党政部门及重点行业优先采购；审查不通过的，则不允许党政部门及重点行业使用。尤其需要指出，“不得采购审查未通过”不等于“不得采购未进行审查”，两者区别甚大，前者实际上是一种“黑名单”制度。

第十一条的表述援引了《网络安全法》的要求，但却有一字之差（增加了一个“的”字）。而这一字之差，使两者的表意有了很大差别。就目前的表述而言，实际上是重申了第二条的要求，这样做有“败笔”之嫌。当然，本条增加了十分有意义的另一款，指出了由谁判断“影响国家安全”：由关键信息基础设施保护工作部门确定。至于关键信息基础设施保护工作部门是哪些，则有赖于正在制定中的关键信息基础设施保护办法来明确。

第十二条对第三方机构提出了要求，并特别指出，第三方机构要对评价结果负责。

第十三条对网络产品和服务提供者提出了配合工作的要求。一些人可能会问，如果提供者不配合怎么办？事实上，“积极配合”本身也是“可控”和“可信”的一种重要体现。本条还对产品和服务提供者的重大诉求作了回应，即如何确保企业的知识产权等在审查过程中不受侵害。为此，本条指出，不得将审查工作中获悉的信息用于网络安全审查以外的目的。

第十四条提出了另一类重要的工作手段：发布报告。这个“报告”与“审查结论”有联系，但不是一回事。事实上，有审查结论而无报告，或者有报告而无审查结论均有可能会发生。审查委员会可以就一些重要问题给出报告，例如对某类产品或服务提出预警、给出解决方案等。美国国会审查中兴、华为，最终给出的就是一种“报告”。

第十五、十六条给出了解释部门和实施日期。

《网络产品和服务安全审查办法》反映出我国网络安全审查制度有以下的特点。

（1）这个制度有着严格的范围，仅限于国家安全领域，因此其实施必然是非常态的，重在威慑。现在一些企业希望多去申请审查，以此作为新的表征自己企业水平的“资质”，这个认识是不妥的。

（2）这个制度有着清晰的关注点，即“可控性”，这与传统的网络安全测评认证不同。网络安全审查制度不会取代已有的测评认证制度，也不是对已有工作的重复。

（3）这个制度不是为了闭关锁国或排斥国外。制度是为了安全、可控地使用全世界的产品。如果说，通过网络安全审查后，某个国外产品我们可以放心使用了，这就达到审查的目的了。实施这项制度，最终是为了维护国家安全。

（4）这个制度设置了多种启动条件、多种审查方法，这些都有充分的国际惯例，这个制度不是我们的“创新”。

当然，从文字看，目前的征求意见稿还有瑕疵。主要体现在，征求意见稿援引了《网络安全法》、新华社宣布我国实施审查制度的新闻通稿等的内容，但这些内容的表述并不完全一样，这就造成了征求意见稿有前后不一致、重复表述等问题，主要表现在两个方面。

第一，《网络安全法》规定，网络安全审查制度的目的是维护国家安全，但征求意见稿还将“维护公共利益”作为制度的目标，这有可能使网络安全审查制度超出 WTO“国家安全例外”的范围。

第二，《网络安全法》规定，关键信息基础设施的运营者“采购网络产品和服务”，可能影响国家安全的，应当通过网络安全审查。但征求意见稿却将“采购网络产品和服务”改为了“采购的网络产品和服务”，使原意发生重大变化。

这些问题，在正式出台的《网络产品和服务安全审查办法》中，希望能有所调整。

扩展阅读：

网络产品和服务安全审查办法（征求意见稿）

网络产品和服务安全审查办法（试行）

自2014年11月起，我国连续举办3届国家网络安全宣传周。首届主题是“共建网络安全、共享网络文明”，第二届选在6月1日儿童节开幕，意在加强对少年儿童的网络安全保护，使网络安全“从娃娃抓起”。第三届主题是“网络安全为人民，网络安全靠人民”。为配合宣传周工作，作者先后发表多篇文章对其进行解读[8]。

——我国建立国家网络安全宣传周制度

[8] 《让网络安全“接地气”》发表于新华网，2014年11月。《少年智则国智，少年强则国强》发表于中国网信网，2015年6月2日。《举全国之力将网络安全宣传活动推向深入》发表于人民网，2016年9月18日。

让网络安全“接地气”

很少有像网络安全这样的主题，既关系社稷安危，上承国家意志，又影响万民生息，下载百姓期盼；既蕴含了高科技对抗的玄机，刹那间昭示着高手比拼的武道哲学，又有赖于芸芸众生的一行一动与一念一知，归于隽永的是信息化大潮中每个当事者聚沙而成的网络安全文化。网络安全是国家的责任，也是全民的责任。但网络安全不只是责任，更是权利，是民众福祉之所在。构筑国家网络安全保障体系，需要举国行动起来。于国家而言，网络安全的内涵太多；然于民众而言，当致力于提高自我保护意识和技能，以及对网上虚假有害信息的辨识和抵抗能力。正因如此，国家推行全民网络安全意识行动，实为功德无量之大事。

如何使网络安全意识落地生根，却又值得思量。网络安全不能只绝云霓、负苍天、翱翔杳冥之上，还应栖于藩篱之下；不能只鬐碣石、宿孟诸、朝发昆仑之墟，还应浮于尺泽之间。阳春一曲和谐难，网络安全不能仅“高大上”，更应“接地气”。

（一）让网络安全“接地气”，就要使公民权益得到更好保护

没有网络安全就没有国家安全，面对敌对势力假借“互联网自由”颠覆我政权的险恶用心，面对国外军情机构远程控制我关键要害系统的重大隐患，怎么强调网络安全的极端重要性都不过分。网络安全同样还关系公共利益和公民权益，重视国家安全不等于轻视社会与公民。民为邦本，本固邦宁，保障网络

空间中的公民权益，同样也是国家安全的应有之义。习近平总书记在论述总体安全观时指出，要以人民安全为宗旨，政治安全为根本，经济安全为基础，这一论断十分深刻。但无论从立法进展还是实际工作理念看，当前一些部门对网络空间公民权益的保护是失衡的，重政治而轻民生。典型的如公民个人信息保护法，迄今不能出台。公民权益受损之司空见惯，维权成本居高之不堪负重，显示出网络空间法制化建设依然路途漫漫，还需抓紧，抓紧，再抓紧。

（二）让网络安全“接地气”，就要使互联网治理更“亲民”

自从互联网进入中国，我国政府就坚持积极利用、科学发展、依法管理、确保安全的总方针，大力促进互联网的发展和应用，坚决维护政治稳定与政权安全，有力抵御了西方某些国家“颜色革命”的侵袭。中国的经验正在世界上得到越来越多的认同。但不可否认，目前在互联网治理的技术手段上，我们是简单粗放的。在净化网络空间的同时，“误伤”事件屡有发生，一些无害的应用受到了限制，原本正常的科研、娱乐等活动受到了影响，一些部门甚至出台了与互联网技术发展趋势背道而驰的政策。广大人民群众对政府主导的互联网治理工作非常理解和拥护，特别是“占中”等事件又一次暴露了西方势力颠覆中国的战略图谋的情况下。但长此“粗放”地治理下去，政府的工作恐要失分。只有民心所系，方能无坚不摧。我们的互联网治理技术水平是不是可以朝向精细管控继续提高？我们是不是在技术管控之余，更多地增强道路自信、理论自信、制度自信？

（三）让网络安全“接地气”，就要使网络安全工作更透明

网络空间是国家间对抗、较量和斗争的主战场，但同时也是新形势下人民战争的汪洋大海。国家关键基础设施的保护，首先要靠运营和建设单位站好第一班岗；对网络安全威胁的全面态势感知，最权威的信息首要源于各大网络安全和互联网企业；最具创新性的网络安全技术出自企业和社会，“高手在民间”不再是一句戏谑。国家网络安全工作如何才能得到民众更多支持与配合？首先就是要让民众知情。越神秘，就越脱离民众基础。自古当政者习惯于密室谋国

是，这已不符合当前网络安全发展形势的需要。更何况，维护国家网络安全，这是何等天经地义之事，必须敢于亮剑。要看到，一些西方国家已经把“中国网络威胁论”作为围堵遏制中国的新手段，而我们作为网络攻击的受害者，却习惯于“家丑不外扬”，任凭跳梁小丑一再抹黑我们，招架何等乏力。因此，不但要做好中国的事，还要讲好中国的故事，向我们的人民讲，向世界人民讲。

（四）让网络安全“接地气”，就要为民众提供更多的服务

人民群众要掌握基本的自我保护技能，诸如安全地使用网银、保护网上隐私之类，但终究不能指望每个人都成为网络安全专家。民众的个人资源毕竟有限，外部的帮助不可或缺。奇虎360的成功可以有很多诠释，但能使民众免费获得健全的个人终端防护系统，不能不说是抓住了网络安全的迫切需求。喊一万遍网络安全的重要性，不如为人民群众做一件实事，解决一个实际问题。但遗憾的是，在一些部门以往的工作思路中，政府与民众的关系更多地体现为监管者与被监管者的关系。一味地向民众提要求，将民众放在嫌疑人的位置，又如何能够切实提高民众的网络安全防护能力？服务型政府是政府职能转变的方向，网络安全这一敏感领域自然需要政府有更多作为，但面对社会大众，政府的角色依然是服务。要创造安全的网络交易环境，要传播有效的网络安全防护工具，要通报最新的网络安全犯罪手段与风险，要提供及时的网络安全事故援助，要制定好用易用的网络安全标准规范，要使民众的呼声得到反馈，要使民众的困难得到解决，如此则善莫大焉。

扩展阅读：

我国举办首届国家网络安全宣传周

“首届国家网络安全宣传周”于2014年11月24～30日举行。本活动由中央网络安全和信息化领导小组办公室（中央网信办）会同中央机构编制委员会办公室（中央编办）、教育部、科技部、工业和信息化部、公安部、中国

人民银行、新闻出版广电总局等部门联合主办，旨在帮助公众更好地了解、感知身边的网络安全风险，增强网络安全意识，普及网络安全知识，提高网络安全技能，保障用户合法权益，共同维护国家网络安全。

本次宣传周以“共建网络安全，共享网络文明”为主题，分别设置了“启动日”“政务日”“金融日”“产业日”“电信日”“青少年日”“法治日”7 个主题宣传日，围绕当前网络安全的重点领域，举办了特色鲜明、内容专业、形式多样的专题宣传活动。宣传周的其他重点活动还包括“网络安全知识进万家”知识普及活动、网络安全知识竞答、“网络安全专家30谈”专家访谈和网络安全知识大讲堂等。

国家互联网应急中心、CNNIC（中国互联网络信息中心）等专业机构，三大基础电信运营企业，工商银行、农业银行、中国银行、建设银行、中国银联、北京农商行、华夏银行、邮储银行等金融机构，阿里巴巴、百度、腾讯、奇虎 360、启明星辰、卫士通、绿盟、深信服、知道创宇等知名网络企业、网络安全企业均参加了宣传周网络安全公众体验展，展示各自在网络安全方面开展的工作和取得的成果。国内知名网络安全专家和部分网民代表也纷纷出席宣传周有关活动，与公众进行对话交流。

本次国家网络安全宣传周是我国第一次举办全国范围的网络安全主题宣传活动，不仅国家有关职能部门共同参与主办，各省、自治区、直辖市也同期开展了网络安全公众体验、公益短片展播、网络安全知识讲座、网络安全技能竞赛、制发网络安全手册等系列活动，直接参与人数超过2000万、信息覆盖近5亿人，掀起了全民“共建网络安全、共享网络文明”的热潮。

少年智则国智，少年强则国强

由国家出面组织高规格网络安全宣传活动，是信息技术发达国家的普遍举措。在举国掀起网络安全热潮的今天，有一个重要的群体更值得关注，那就是青少年。第二届国家网络安全宣传周突出青少年网络安全宣传教育，着实含义深远、功德无量。中央网信办指出，国家的未来在青少年，网络的未来也在青少年，要从基础做起、从娃娃抓起，大力培育“中国好网民”，共筑安全、赢在未来。作者听后不禁为网络空间的未来而欢欣，为中央部门的高瞻远瞩而鼓舞。

（一）干将发硎，有作其芒，青少年是捍卫网络安全的生力军

网络安全是高技术的对抗，快速的知识更新与喷涌的创新需求，对网络安全人才提出了巨大挑战，唯有青少年担得此任。君不见，叱咤风云的最具市值企业领袖中，来自互联网行业的年轻人面孔占了半壁江山；君不见，刀光剑影的网络安全挑战赛上，折桂者有些居然是几岁的娃娃。要鼓励青少年提出更多的奇思妙想，要让青少年中对网络技术有兴趣的专才、怪才有充分的成长空间，要建立发现、任用网络安全特殊人才的有效渠道，要破除网络安全人才评估、使用中僵化的人事管理制度。

（二）红日初升，其道大光，青少年是维护网络秩序的先锋队

青少年在网民中占了很大的比例，而且青少年网民的思想和行为最活跃，善恶感、是非感也非常强。依法上网，维护网络秩序，青少年责任重大、责无

旁贷。但面对纷繁复杂、光怪陆离的互联网社会，青少年往往缺乏足够的经验，很容易被人所迷惑。培养“中国好网民”，首先要做好“护苗”工作。要加快出台保护青少年上网安全的管理制度和政策法规，要抓紧开发一批好用易用的青少年上网安全防护工具，要在广大中小学广泛开展网络安全技能培养和法律道德教育，要严厉打击网络犯罪特别是针对未成年人的网络犯罪，要培养青少年明辨是非、自觉抵制不良有害信息侵扰和防范网络欺诈的能力。

（三）奇花初胎，矞矞皇皇，青少年是建设网络空间的接班人

网络是创新性和发展中的技术，网络的未来在青少年。目前，很多青少年主要把互联网用于娱乐、交友等方面，网络技术对青少年成长的“正能量”作用还远远没有发挥出来。这是整个社会的责任，要丰富互联网应用，加快发展教育信息化和社会治理信息化，切实为青少年网民的生活、学习、成长、安全带来福利。要鼓励青少年学习掌握更多的科学知识，成为未来网络的建设者。要高度警惕，国际上一些势力已经开始了与我们争夺下一代的斗争，应该时刻关注青少年的思想动态，让青少年更多地理解网络空间对抗的真相。要尊重青少年对网络的体验感，不断优化互联网管理方式方法，增强青少年对互联网治理的认同感，这是增强青少年对党、对国家认同感的基础。

（四）乳虎啸谷，百兽震惶，青少年是促进网络文明的主人翁

互联网本身是文明的载体和传播渠道，青少年则是文明的传承者。青少年思想意识、伦理道德、知识结构和生活方式正在受到互联网和信息技术应用潜移默化的影响，进而影响到了年轻一代的整体素质，这是决定我国在世界民族之林生存与发展的大事。全社会要行动起来，既要共同担负继承传统文化的历史责任，更要发展先进的网络文明。面对网络语言大范围来袭导致的文化异相，青少年要从自身做起，正确使用母语，维护母语的纯洁性。主管部门要适应青少年的思维方式，一改毫无生气的政治说教，以青少年喜闻乐见的方式宣传社会主义核心价值观，倡导文明健康的网络生活方式，引导青少年在网上主动弘扬优秀文化、传承文明成果。

前途似海，来日方长。今日中国好网民，明日神州大栋梁。

❀扩展阅读：

我国举办第二届网络安全宣传周

为进一步加强全党全社会网络安全意识，发动全社会参与维护网络安全，中央网信办、中央编办、教育部、科技部、工业和信息化部、公安部、新闻出版广电总局、中国人民银行、共青团中央、中国科协 10 个部门于 2015 年 6 月 1～7 日联合举办第二届国家网络安全宣传周，全国各地同步开展。

第二届宣传周沿用首届“共建网络安全 共享网络文明”主题，传播“安全方面最大的风险是没有意识到风险”的理念，重点加强青少年网络安全教育。线下活动包括启动仪式暨国家网络安全青少年科普基地揭牌仪式、“赢在未来”青少年网络安全教育联合行动、“感知身边的网络安全”公众体验展、“争做网络安全卫士”系列青少年网络安全知识竞赛、“网络安全知识大讲堂”知识讲座、“网络安全知识进万家”知识手册发放等。线上活动包括“讲述身边的网络安全故事”文章和微电影征集展映、在线网络安全知识竞答、我国首次“公众网络安全意识调查”和专家访谈等。中央新闻网站和重点商业网站将设立宣传周专题，推出新闻评论、嘉宾访谈等原创网络安全宣传内容。

宣传周设立启动日、金融日、电信日、政务日、科技日、法治日、青少年日 7 个主题日，联合主办各部门依据职能在相应主题日组织开展集中宣传活动。同时，鼓励支持各类社会团体、专业机构，深入开展网络安全知识普及、网络安全防护技能培训等活动。

在 6 月 7 日举行闭幕仪式的同时，本届国家网络安全宣传周虚拟展馆也正式宣布上线，旨在打造“永不落幕的体验展”。

举全国之力将网络安全宣传活动推向深入

路过 2016 年 9 月的长安街，看到公共汽车候车亭已经张贴了国家网络安全宣传周的公益广告，“网络安全为人民、网络安全靠人民”的标语格外醒目。回想若干年前，曾经的领导和同事们为设立国家网络安全宣传日而多次上书、协调各方，最终却无果而终，心中颇多感慨。党的十八大以后，中央成立了网络安全和信息化领导小组，习近平总书记亲自担任组长，做出了“没有网络安全就没有国家安全”的重大论断。小组成立伊始，便提出设立国家网络安全宣传周。于工作而言，实为大事；于事业而言，更为幸事。以一叶而知秋，我们深刻体会到了党中央最高层保障网络安全，维护国家利益，推动信息化发展的坚强决心。

一、网络安全宣传至关重要

做好网络安全工作，“人”的因素是第一位的。早在 15 年前，美国在制定第一部网络安全国家战略时就提出，“人”的问题要从三个层面去解决：一是教育（Education），面向专业人才；二是培训（Training），面向在岗人员；三是意识（Awareness），面向社会公众。这后来成了业界标准，且意识问题从来都是被摆到重要位置。

曾几何时，我们信奉孔子的“知之者不如好之者，好之者不如乐之者”。但网络安全的确不一样，它尽管有些理论很高深，只是“好之者”和“乐之者”的“阳春白雪”，但其影响却涉及经济、政治、文化、社会、军事等各个领域，关系到全社会的每一个人，“知之者”因此尤为重要。习近平总书记在 2016 年 4 月 19 日网络安全和信息化工作座谈会上指出，网络安全是共同的而不是孤立的[9]。网络安全为人民，网络安全靠人民，维护网络安全是全社会共同责任，需要政府、企业、社会组织、广大网民共同参与，共筑网络安全防线。只有使网络安全的意识深入人心，提升广大网民的风险意识和防护技能，才能化指成拳，凝聚起维护网络安全的磅礴力量。

二、设立网络安全宣传主题活动是发达国家的普遍做法

我国的互联网发展成就举世瞩目，已经成为名副其实的网络大国。但大而不强，尽管有数量最大的网民，但网民的安全意识仍然不高，这成为我们建设网络强国的一个短板。每年，我国网民因网络诈骗损失超过 900 亿元，犯罪分子嚣张是主因，但很多网民的智能手机、个人电脑基本成“裸奔状态”，在网上随意下载来历不明的程序，这也是不争的事实。

很多发达国家走在了前面，值得我们学习借鉴。美国在 2003 年发布《保护网络空间的国家战略》，将“开展全国性的增强安全意识活动”作为国家的一项战略部署。此后，美国设立了网络安全宣传月，总统无论多忙都亲自出席，并身体力行，尽可能在多个城市巡回发表演说，时间长达一个月。欧委会则在《欧盟网络安全战略》中建立了网络安全宣传月制度，要求成员国全面开展网络安全宣传。2015 年，欧洲网络安全月共有 33 个国家参与，每个国家、每周的主题均不一样，先后共组织了近 300 项网络安全宣传活动。日本也是自 2010 年起，将每年的 2 月确定为网络安全宣传月。比起这些国家，我们的“宣传周”还处于初级阶段。

---

[9] 习近平在网络安全和信息化工作座谈会上的讲话。北京：新华社 2016 年 4 月 25 日电。“网络安全是共同的而不是孤立的。网络安全为人民，网络安全靠人民，维护网络安全是全社会共同责任，需要政府、企业、社会组织、广大网民共同参与，共筑网络安全防线。”

三、日常与主题活动相结合，设立永不闭幕的“网络安全宣传周”

中央网信小组成立以来，我国已连续举办三届网络安全宣传周，内容不断丰富，形式逐渐多样，影响越来越大，全国联动的局面已然形成，宣传周的作用正在显现。但这还远远不够。2016 年 6 月，中央网信办、教育部等 6 部委联合印发了《关于加强网络安全学科建设和人才培养的意见》，对加强全民网络安全意识与技能培养提出了要求：办好国家网络安全宣传周活动，充分利用网络、广播、电影电视、报刊杂志等多种平台，面向大众宣传网络安全常识，传播网络安全知识，培育网络安全文化。支持创作更多的高质量网络安全科普读物，开展多种形式的网络安全技能和知识竞赛。网络教育从孩子抓起，加强青少年网络素养教育，开展“网络安全知识进校园”行动，将网络安全纳入学校教育教学内容，促进学生依法上网、文明上网、安全上网。

显然，每年一次的网络安全宣传周，仅仅是国家总体布局中的一个环节。更多的效果有赖于对日常宣传和教育培训工作的常抓不懈。

当然，不是说网民的安全意识上来了，安全就搞好了。这是必要条件，而非充分条件。执法部门的职责、企业的责任不能转嫁到网民头上。只有各司其职、齐心协力，我们才能拥有安全、可信的网络空间。

❀扩展阅读：

我国举办第三届网络安全宣传周

2016 年上半年，经中央网络安全和信息化领导小组同意，中央网信办、教育部、工信部、公安部、新闻出版广电总局、共青团中央等六部门联合印发了《国家网络安全宣传周活动方案》。方案明确从 2016 年开始，网络安全宣传周于每年9月第三周在全国各省区市统一举行，目的是通过广泛开展网络安全宣传教育，增强全社会网络安全意识，提升广大网民的安全防护技能，营造健康文明的网络环境。宣传周开幕式等重要活动可根据地方实际情况安排在省会城市举行。

2016年网络安全宣传周，暨第三届国家网络安全宣传周于9月19～25日举行，主题是“网络安全为人民，网络安全靠人民”，由中央网信办等六部门共同举办。宣传周的开幕式、网络安全博览会、网络安全技术高峰论坛、网络安全电视知识竞赛等重要活动在武汉市举行。各省区市结合实际，同步举办本地区网络安全宣传周活动。这是首次在全国范围内统一举办网络安全宣传周，首次在地方城市举行国家网络安全宣传周开幕式等重要活动，是我国网络安全工作中的一件大事，对于贯彻落实习近平总书记关于网络安全的重要讲话精神、维护广大人民群众在网络空间的利益，保障国家网络安全具有重要意义。

今年宣传周期间举办网络安全博览会，一百多家企业报名参展，按照突出知识性、互动性、体验性、趣味性的要求，专家评选出95家企业参展，包括阿里巴巴、腾讯、百度、奇虎360、浪潮、曙光等，国际知名安全公司卡巴斯基等多家外国企业也将参加展览。博览会还为15家网络安全初创企业免费提供了展位。

宣传周还首次举办了网络安全技术高峰论坛，围绕网络安全人才培养、大数据安全技术等主题交流讨论。国内知名院士专家、大型互联网和网络安全企业的高管、相关部门的负责同志，以及来自俄罗斯、美国、英国、以色列、南非、新西兰和中国香港的企业领袖和专家参会并演讲。

网络安全电视知识竞赛也是今年宣传周活动的一大亮点。在各省区市选拔赛的基础上，来自28个省区市的代表队在武汉市参加了复赛暨青少年网络安全夏令营活动。通过复赛选出了8支代表队进入决赛。决赛在武汉市举行。

根据《国家网络安全宣传周活动方案》，宣传周期间还对网络安全先进典型进行了表彰。在中央网信办和教育部指导下，中国互联网发展基金会网络安全专项基金组织了网络安全优秀人才、优秀教师等评选活动。经过中央部门和院士推荐、专家评审、公示，评选出网络安全杰出人才 1 名、优秀人才 10 名、优秀教师 8 名。中国互联网发展基金会网络安全专项基金予以网络安全杰出人才 100 万元、优秀人才每人 50 万元、优秀教师每人 20 万元奖励。